煤炭分选加工技术丛书

选煤厂固液分离技术

金 雷 编著

北 京

冶金工业出版社

2022

内 容 简 介

本书系统地叙述了煤炭洗选中所遇到的固液分离技术的基本原理、方法和应用等内容。全书分为绪论、悬浮液的基本性质、凝聚与絮凝、筛分脱水、离心脱水、分级与浓缩、过滤原理、真空过滤、压滤脱水和热力干燥 10 章内容。密切联系选煤厂煤泥水处理的生产实践。

本书既可作为高等院校和高职高专院校矿物加工专业学生的教材，也可作为研究生及选煤研究人员参考用书，对环保专业工作人员也具有一定的参考价值。

图书在版编目(CIP)数据

选煤厂固液分离技术/金雷编著 . —北京：冶金工业出版社，2012.3
(2022.4 重印)
（煤炭分选加工技术丛书）
ISBN 978-7-5024-5795-2

Ⅰ.①选… Ⅱ.①金… Ⅲ.①选煤—后处理—脱水 Ⅳ.①TD926.2

中国版本图书馆 CIP 数据核字(2011)第 256637 号

选煤厂固液分离技术

出版发行	冶金工业出版社	**电　话**	(010)64027926
地　址	北京市东城区嵩祝院北巷 39 号	**邮　编**	100009
网　址	www. mip1953. com	**电子信箱**	service@ mip1953. com

责任编辑　李培禄　美术编辑　彭子赫　版式设计　孙跃红
责任校对　卿文春　责任印制　李玉山
北京虎彩文化传播有限公司印刷
2012 年 3 月第 1 版，2022 年 4 月第 4 次印刷
787mm×1092mm　1/16；10.5 印张；246 千字；152 页
定价 29.00 元

投稿电话　(010)64027932　投稿信箱　tougao@cnmip. com. cn
营销中心电话　(010)64044283
冶金工业出版社天猫旗舰店　yjgycbs. tmall. com
（本书如有印装质量问题，本社营销中心负责退换）

《煤炭分选加工技术丛书》序

煤炭是我国的主体能源，在今后相当长时期内不会发生根本性的改变，洁净高效利用煤炭是保证我国国民经济快速发展的重要保障。煤炭分选加工是煤炭洁净利用的基础，这样不仅可以为社会提供高质量的煤炭产品，而且可以有效地减少燃煤造成的大气污染，减少铁路运输，实现节能减排。

进入 21 世纪以来，我国煤炭分选加工在理论与技术诸方面取得了很大进展。选煤技术装备水平显著提高，以重介选煤技术为代表的一批拥有自主知识产权的选煤关键技术和装备得到广泛应用。选煤基础研究不断加强，设计和建设也已发生巨大变化。近年来，我国煤炭资源开发战略性西移态势明显，生产和消费两个中心的偏移使得运输矛盾突出，加大原煤入选率，减少无效运输是提高我国煤炭供应保障能力的重要途径。

《煤炭分选加工技术丛书》系统地介绍了选煤基础理论、工艺与装备，特别将近年来我国在煤炭分选加工方面的最新科研成果纳入丛书。理论与实践结合紧密，实用性强，相信这套丛书的出版能够对我国煤炭分选加工业的技术发展起到积极的推动作用！

是为序！

中国工程院院士

中国矿业大学教授

2011 年 11 月

《煤炭分选加工技术丛书》前言

煤炭是我国的主要能源，占全国能源生产总量70%以上，并且在相当长一段时间内不会发生根本性的变化。

随着国民经济的快速发展，我国能源生产呈快速发展的态势。作为重要的基础产业，煤炭工业为我国国民经济和现代化建设做出了重要的贡献，但也带来了严重的环境问题。保持国民经济和社会持续、稳定、健康的发展，需要兼顾资源和环境因素，高效洁净地利用煤炭资源是必然选择。煤炭分选加工是煤炭洁净利用的源头，更是经济有效的清洁煤炭生产过程，可以脱除煤中60%以上的灰分和50%~70%的黄铁矿硫。因此，提高原煤入选率，控制原煤直接燃烧，是促进节能减排的有效措施。发展煤炭洗选加工，是转变煤炭经济发展方式的重要基础，是调整煤炭产品结构的有效途径，也是提高煤炭质量和经济效益的重要手段。

"十一五"期间，我国煤炭分选加工迅猛发展，全国选煤厂数量达到1800多座，出现了千万吨级的大型炼焦煤选煤厂，动力煤选煤厂年生产能力甚至达到3000万吨，原煤入选率从31.9%增长到50.9%。同时随着煤炭能源的开发，褐煤资源的利用提到议事日程，由于褐煤含水高，易风化，难以直接使用，因此，褐煤的提质加工利用技术成为褐煤洁净高效利用的关键。

"十二五"是我国煤炭工业充满机遇与挑战的五年，期间煤炭产业结构调整加快，煤炭的洁净利用将更加受到重视，煤炭的分选加工面临更大的发展机遇。正是在这种背景下，受冶金工业出版社委托，组织编写了《煤炭分选加工技术丛书》。丛书包括：《重力选煤技术》、《煤泥浮选技术》、《选煤厂固液分离技术》、《选煤机械》、《选煤厂测试与控制》、《煤化学与煤质分析》、《选煤厂生产技术管理》、《选煤厂工艺设计与建设》、《计算机在煤炭分选加工中的应用》、《矿物加工过程Matlab仿真与模拟》、《煤炭开采与洁净利用》、《褐煤提质加工利用》、《煤基浆体燃料的制备与应用》，基本包含了煤炭分选加工过程涉及的基础理论、工艺设备、管理及产品检验等方面内容。

本套丛书由中国矿业大学（北京）化学与环境工程学院组织编写，徐志强负责丛书的整体工作，包括确定丛书名称、分册内容及落实作者。丛书的编写人员为中国矿业大学（北京）长期从事煤炭分选加工方面教学、科研的老师，书中理论与现场实践相结合，突出该领域的新工艺、新设备、新理念。

本丛书可以作为高等院校矿物加工工程专业或相近专业的教学用书或参考用书，也可作为选煤厂管理人员、技术人员培训用书。希望本丛书的出版能为我国煤炭洁净加工利用技术的发展和人才培养做出积极的贡献。

本套丛书内容丰富、系统，同时编写时间也很仓促，书中疏漏之处，欢迎读者批评指正，以便再版时修改补充。

中国矿业大学（北京）教授　徐志强

2011 年 11 月

前　言

煤泥水处理工艺是煤炭洗选过程中的一个重要环节，它直接关系到选煤厂产品数、质量指标的好坏，同时对介质消耗、药剂消耗、尾煤回收及全厂洗水循环都有重要的影响。因此，煤炭洗选企业必须高度重视煤泥水的处理工艺。

《选煤厂固液分离技术》是针对选煤厂产品脱水、洗水循环、煤泥厂内回收及有关工艺流程、设备等方面的综合性专业图书。书中系统阐述了有关煤泥水处理流程，粗、细物料的不同脱水方法，产品干燥过程，及相关设备的工作原理及应用等内容；并对悬浮液的基本性质、煤泥水的凝聚与絮凝、分级、浓缩、过滤的基本原理进行了介绍。

全书的编写力求深入浅出、简明扼要、理论和实践并重，内容较全面地反映了目前煤炭洗选中固液分离的主要特色，既满足教学需要，又具有一定的实用性。本书可作为高等院校、高职高专院校教学用书，也可供选煤工程技术研究人员参考。

全书共分 10 章。其中第 1、2、4 ~ 9 章由金雷编写，第 10 章由张玉君编写，第 3 章由解维伟编写。

由于编者水平有限，书中不妥之处，敬请读者批评指正。

编　者
2011 年 10 月

目 录

1 ‖ 绪　论

1.1　固液分离的目的及分类

固液分离是指从悬浮液中将固相和液相分离的作业。它的目的不外乎四种：

（1）回收有价固体（液体弃去）；

（2）回收液体（固体弃去）；

（3）回收液体和固体；

（4）两者都不回收（例如废水治理）。

固液分离方法可按作用原理的不同分为以下几种类型：

（1）重力法。是指靠重力而实现的固液分离。它又可细分为以下两种形式。

自然重力法——即利用物料颗粒表面液体的重力作用而使固液分离，如脱水斗子及脱水仓的脱水。

重力浓缩法——即依靠细粒物料的重力作用，在液体中沉降的方法来实现固液分离，如浓缩机、沉淀池等的浓缩脱水。

（2）机械法。是指靠机械力（惯性力、离心力、压力等）而实现的液体与固体的分离。它又分为以下三种形式。

筛分分离——靠物料与筛面作相对运动时产生的惯性力而脱除液体，如直线振动筛的脱水。

离心分离——利用离心力作用使固液分离或提高悬浮液的浓度，如过滤式离心脱水机和沉降式离心脱水机等的脱水。

过滤分离——使液体透过细密的纤维织物或金属丝网而留住固体，并用真空或压力以加速其分离的一种固液分离过程。如真空过滤机、板框压滤机、加压过滤机等的脱水过程。

（3）热力法。利用热能使水分汽化而与固体分离。如热力干燥及日光曝晒等。

（4）磁力法。是指利用强磁场对磁性矿物产生的磁力来实现的固液分离，如磁力脱水槽。

（5）其他分离法：

物理化学分离法——利用吸水性的物体或化学品（如生石灰、无水氯化钙等）吸收水分，从而实现固液分离。

电化学分离法——固液混合物在外加电场作用下，水分子带正电荷移向阴极，固体细粒带负电荷移向阳极，从而实现固液分离。

通常应用最多的是（1）、（2）、（3）类方法。

固液分离属于固液两相流的范畴，其中固体颗粒为分散相，连续状态的液相为分散介质，由于它们具有不同的物理性质，所以可用不同的方法将之分离。实现分离的基本要点是使固液相间产生相对运动。

固液分离技术广泛应用于矿业、化工、冶金、轻工、水利、环保等部门。它在选矿（选煤）流程中占有重要地位，也是选矿（选煤）费用中的一个重要项目。整个固液分离过程（包括回水利用）的总操作费用约占全厂费用的 10% ~20%，其电能消耗，仅次于碎磨和浮选作业，列于第三位。

1.2 固液分离在选煤厂中的应用

选煤厂中，除了按照质量差异和粒度差异，将物质分离为两个或多个不同产物外，还存在着大量的产品脱水作业。所谓脱水，就是指固液分离过程。

选煤厂除某些干法作业外，都需要大量的水。如跳汰分选作业、重介分选作业和浮选作业等，所得产品均含有大量的水。这种产品不能直接进行销售，必须进行脱水处理，方能作为最终产物进行利用。

对产品进行固液分离，一方面是后续作业的要求，并减少运输费用；另一方面是回收分选过程中所用的大量的水，使之返回再使用，充分利用水资源。

选煤厂多数精煤用于炼焦或炼焦配煤，水分都有严格规定。如果煤炭水分过高，将延长炼焦时间，降低炼焦炉的产量。据统计，水分增加 1%，炼焦时间增长 20min。而且，炼焦过程中，由于水分蒸发，要带走大量热量，损失了煤的热值，增加燃料消耗，降低焦炭产量 3% ~4%。

通常，产品的用户离选煤厂均较远，水分过高，远距离输送大量无用的水，造成无效运输。冬季则给运输和贮存造成麻烦，运输过程中易在车厢内和铁轨上发生冻结现象。含水越多冻结越严重，造成铁路行车不安全及卸车困难。有时甚至需建暖车库，消耗大量能量使精煤化冻。据统计，水分含量与车内冻结程度的关系见表 1-1。

表 1-1 水分与冻结程度的关系

水分/%	冻 结 程 度
8	有较粗团块，用铲可以铲动
10	团块稍硬，用力可以铲动
12	结成硬块，铲动很困难
15	冻结很硬，如石头，极难铲动
20	铲不动

选煤厂是一个大量用水的企业，跳汰机每处理 1 t 原煤需用 3 t 水；重介质分选机选煤，1 t 原煤需用水约 0.7 t。所用水如果全部随产品带走或外排，其水量是相当惊人的。因此，必须对产品进行脱水。选煤过程中的水，大部分进入浮选，最终由浮选尾矿排出。所以，浮选尾矿也应该脱水。浮选尾矿浓度较小，不能直接采用机械脱水，故需先进行浓缩沉淀处理。该作业的主要目的即为了使选煤过程所用的水返回、进行循环再用。

物料粒度不同，脱水方法不同。当处理含大量水分的粗粒物料时，可用脱水提斗、脱水筛、脱水离心机及脱水仓进行脱水；但当处理细粒物料，需要比较复杂的设备，一般可用真空过滤机、沉降过滤式离心机、压滤机等进行脱水。其工艺也稍复杂一些，主要有浓缩—过滤两段作业或浓缩—过滤—干燥三段作业脱水。第一步沉淀浓缩，将很稀的煤泥水，利用沉降的方法浓缩至含水量为 50% 左右的矿浆。浓缩利用矿粒的重力沉降，故消耗能量最少，仅用于克服传动设备的机械阻力。第二步过滤，借助于过滤介质，使液体与固体分离，得到含水量为 20% ~ 10% 的产品。过滤作业消耗能量比较大，因需克服液体通过过滤介质的阻力。第三步干燥，如果水分要求严格，以及在高寒地区为了防冻，经机械脱水的细粒物料还需进一步采用干燥的方法对其进行脱水。使产品水分降到 6% 以下。干燥要利用热能使水汽化排除，消耗能量更大一些。通过沉淀浓缩作业除去的水量最多，过滤作业次之，干燥作业最少。设一种液固比 9∶1 的矿浆，先经浓缩机浓缩至液固比 1∶1，再经过滤机得到水分为 15% 的滤饼，最后送入干燥机，获得水分为 5% 的最终产品。若所处理的矿浆为 100t，则浓缩机应除去的水量为 80t，过滤机除去的水量为 8.24t，干燥机仅除去 1.23t 水。这是符合节能要求的。近年来，开始在选煤中应用快开隔膜压榨式过滤机，使滤饼的水分大幅度降低（可降低至 8% 或更低），可望取消干燥作业。

由此可见，固液分离环节是选煤厂中极其重要的作业。该作业处理不善，将影响整个选煤厂的正常生产。

2 ‖ 悬浮液的基本性质

悬浮液一般指固体颗粒粒度在 10^{-5} cm 以上的固液分散体系。在这一范围内的固液分离问题，牵涉到化工、环保、矿业、水处理等许多领域，因而具有广泛而重要的实际意义。显而易见，悬浮液的各种性质，包括物理的、化学的，都将在不同程度上影响固液分离方法的选择及分离效率的高低。在这一章里，我们将较系统地讨论与固液分离有关固相、液相及其所组成的悬浮液体系的基本性质。

2.1 液相的基本性质

在绝大多数工业部门，构成悬浮液的液相是水，因此这里主要介绍水的基本性质。与固液分离密切相关的水的性质包括水的极性、黏性、表面张力等。

2.1.1 水的极性

水分子是由两个氢原子和一个氧原子组成的，由于在水分子中正负电荷的中心是不重合的，因此水分子是极性分子；正是这种分子极性使得水具有一系列独特的性质。

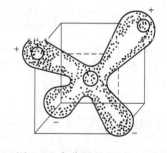

图 2-1 水分子的电子云

从图 2-1 中水分子的电子云的分布可见，氢原子在给出自己唯一的电子与氧原子形成共价键后，原子核几乎"裸露"出来，这使它很容易吸引其他强负电性元素（如 O、N、F、Cl 等）的电子云而形成所谓的"氢键"。与负电性元素形成氢键的能力是水分子极性的重要体现之一，它一方面影响到液态水的结构，一方面还影响到水与固体物料的作用方式。根据近代化学的研究结果，水分子之间由于氢键而发生强烈的缔合作用，以至在液态水中除了单个的水分子外，还存在所谓的"瞬时缔合体"（如图 2-2 所示），这些缔合体随着温度的升高而逐渐消失。

在固液分离过程中，液态水分子之间的相互缔合是否会对分离效果有所影响？在固体物料表面吸附的这种缔合体是否会比单个的水分子更难除去。尽管人们的兴趣暂时还未深入到这一步，但答案似乎是不言而喻的。至于水分子与固体物料的作用方式，后文将专门讨论，这里仅从氢键作用的角度略加叙述。在存在强负电性元素的固体物料表面，氢键的作用显然将强化水分子在物料表面的附着状态而不利于固液分离的进行，要

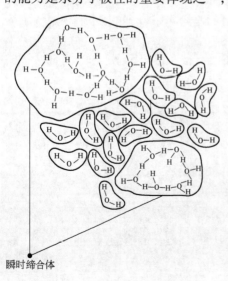

瞬时缔合体

图 2-2 液态水中的瞬时缔合体

去除这些水分子，必须额外提供打断氢键所需要的能量，这无疑会增加固液分离的难度。

2.1.2 水的黏性

黏性是流体反抗变形的一种性质，这种性质只有当流体在外力作用下发生变形，即流体质点间发生相对运动时才显现出来。从本质上来说，黏性反映的是流体分子之间的相互作用。研究流体黏性的学科称为流变学。根据流变学的研究，流体所受的剪切应力 τ（垂直于受力方向的流体单位截面上所受的作用力，这种作用力使流体质点间发生剪切变形）与流体的变形率 γ（即单位时间内流体所发生的变形）之间存在相应的数学关系，这种关系在流变学中称为本构方程，其形式随流体而异。对水来说，本构方程的形式如下：

$$\tau = \mu\gamma \tag{2-1}$$

该式称为牛顿定律，符合该式的流体叫做牛顿流体，水就是一种最常见的牛顿流体。式中的线性比例系数 μ 称为动力黏度，其单位为 Pa·s。在实际工作中，有时候会用到运动黏度的概念。运动黏度 ν 定义为动力黏度 μ 与流体密度 ρ 的比值：

$$\nu = \mu/\rho \tag{2-2}$$

运动黏度的单位是 m^2/s，从动力黏度及运动黏度的单位不难看出它们名称的由来。

习惯上，人们把动力黏度简称为流体的黏度，水的黏度是温度的函数，在 20℃ 时为 0.001 Pa·s，温度每增高 1℃，水的黏度大约降低 2%。如果我们联想到前一小节所讨论的水分子的缔合问题，则不难理解这一现象与液态水中水分子缔合体随温度升高而逐渐消失有关。在实际的固液分离过程中，温度变化对浆体黏性有影响，从而对分离效率的影响是显而易见的。例如，浓缩机的溢流在炎热的夏季要比在寒冷的冬季清澈得多；在过滤机引入蒸汽加热技术可明显降低滤饼水分等。不过，在一般情况下，固液系统的温度在分离过程中不会发生大幅度的变化，因而介质的黏度实际上可视为常量。至于借提高固液体系的温度，降低介质黏度从而提高分离效率的方法，由于经济上的原因通常并不能广泛采用。

2.1.3 水的表面张力

表面张力，或表面自动能，是描述物质表面性质的一个重要参数，其定义为物质增加单位表面积时外界所做的功。由于物质表面分子与内部分子相比，其化学键总处于不平衡状态，从而表面分子比内部分子具有更高的能量，这部分高出的能量就是表面自由能（或表面张力）。

在除了汞以外的所有液体中，水具有最高的表面张力，这显然与水分子的强极性有关。像大多数液体一样，水的表面张力随温度的升高而下降，表 2-1 所列即为水的表面张力随温度的变化情况。

表 2-1 不同温度时水的表面张力

温度/℃	表面张力/N·m^{-1}
20	0.07288
25	0.07214
30	0.07140

水的表面张力对固液分离过程有重要影响。例如在固体物料的孔隙内往往含有所谓的孔隙水，水在孔隙内深入的程度亦即孔隙水的含量与水的表面张力直接相关（这方面的讨论详见本节关于水的赋存状态部分）；再如水在固体表面的附着（润湿或形成水化层）也在很大程度上受到表面张力的影响。一般说来，液体介质的表面张力越大，固液分离越是困难。因此，降低水的表面张力就成为提高固液分离效率的有效途径之一。

从表 2-1 的数据来看，水的表面张力虽然随温度的升高而下降，但变化的速度很小，因此借提高温度而降低水的表面张力在实际上并没有多大意义；实际工作中向固液体系添加表面活性物质是降低水的表面张力的行之有效的手段。

2.2 固相的基本性质

固体颗粒是悬浮液中的分散相。固体物料本身的性质构成悬浮液基本性质的重要组成部分，从而在很大程度上决定固液分离的效率。考虑到固体颗粒在液体介质中的分散与悬浮，不难想象，与颗粒大小有关的性质（如粒度、形状）应当是本节所要论述的主要内容，而与颗粒表面有关的性质（如润湿性、表面电性等）仅当固体颗粒与液相混合时才能体现出来，因此将在固液体系的基本性质一节予以讨论。此外，固体物料的密度也是影响固液分离的重要参数，但由于对一定的固液体系来说，固体密度是一个确定的不可变的因素，因此这里不作详细分析。

2.2.1 颗粒粒度

颗粒粒度在固液分离过程中的作用最为重要，但限于篇幅，本小节只拟讨论颗粒（包括单个颗粒及粒群）粒度的表示方法以及粒度对分离过程的影响等，至于粒度的测定方法，请参看有关的专门书籍。

2.2.1.1 颗粒粒度的表示方法

颗粒粒度是颗粒体积的线性表征。依测量方法的不同，同一颗粒可以有不同的粒度数值；只有对标准的球体，不同方法测出的粒度才是一致的。表 2-2 列出了与固液分离有关的各种粒度的定义，它们各自适用于不同的场合。例如，自由沉降粒度和 Stokes 粒度适用于重力沉降、离心沉降、水力旋流器等场合；而表面粒度或比表面粒度则在絮凝、过滤等过程中用得较多。

表 2-2 颗粒粒度的表示方法

名 称	符 号	定 义	备 注
筛分粒度	x_a	能够通过颗粒的最小方孔宽度	
表面粒度	x_s	与颗粒具有相同表面积的球体直径	$\sim 1.28 x_a$
体积粒度	x_v	与颗粒具有相同体积的球体直径	$\sim 1.10 x_a$
比表面积粒度	x_{sp}	与颗粒具有相同比表面积的球体直径	$\sim 0.81 x_a$
投影粒度	x_p	在垂直于稳定平面方向上与颗粒具有相同投影面积的球体直径	$\sim 1.41 x_a$

名　称	符号	定　义	备　注
自由沉降粒度	x_f	在同一流体中与颗粒具有相同沉降速度的球体直径	
斯托克斯（Stokes）粒度	x_{st}	雷诺数 $Re < 0.2$ 时的自由沉降粒度	

注：表中的粒度（除投影粒度外），可称为当量球体直径；投影粒度则为当量圆直径；另有所谓的统计学直径，即用显微镜在一定方向上测得的粒度，在固液分离中最为有用的是当量球体直径。

2.2.1.2 粒群的粒度分布

通常的固液分散体呈多分散性，即固体颗粒的粒度不是单一的，而是符合一定的分布规律。所谓的单分散体系（即所有颗粒具有同一粒度）只是在理论研究中有所应用，实际固液分离过程中不会出现。因此，研究粒群的粒度分布具有更大的实际意义。

表示颗粒粒度的方法大致有三种。一是特征量法，如平均粒度、－200 目质量分数等，这种表示方法虽然方便，但不能反映粒度的实际分布；二是表格法，即用列表的方式表示不同粒级的含量，可较全面地反映粒度分布特点；三是公式法，该方法用适当的数学公式全面、准确地描述粒群的粒度分布。实际工作中表格法用得较多，特征量多是从表格中的数据获得，公式法则是从表格数据库拟合出相应的数学公式以描述同类物料的粒度分布。

粒群粒度分布密度函数 $f(x)$ 满足归一化条件，即：

$$\int_0^\infty f(x)\,\mathrm{d}x = 1 \tag{2-3}$$

而累积粒度分布密度函数 $F(x)$ 定义为：

$$F(x) = \int_0^x f(x)\,\mathrm{d}x \tag{2-4}$$

常用的粒度分布函数 $F(x)$ 的解析表达式列于表 2-3。需要指出的是，所有这些函数虽然都能较满意地刻画相应粒群的粒度分布，但它们仍属于经验公式，因为它们与产生颗粒的过程几乎没有任何理论上的联系。就对固液分离的影响而言，无论哪一种粒度分布，只要物料中的细颗粒含量增多，固液分离的效率就会降低。

表 2-3　几种常见的粒度分布函数

分布名称	分布函数	参数说明
正态分布	$\dfrac{\mathrm{d}F(x)}{\mathrm{d}x} = \dfrac{1}{\sigma\sqrt{2\pi}}\exp\dfrac{-(x-\bar{x})^2}{2\sigma^2}$	$\bar{x}$——平均粒度； σ——标准差
对数正态分布	$\dfrac{\mathrm{d}F(x)}{\mathrm{d}(\ln x)} = \dfrac{1}{\ln\sigma\sqrt{2\pi}}\exp\dfrac{-(\ln x - \ln\bar{x})^2}{2\ln^2\sigma}$	
$R - R$ 分布	$F(x) = \exp\left[-\left(\dfrac{x}{x_r}\right)^n\right]$	x_r——与颗粒粒度范围有关的常数； n——反映物料特性的常数
哈里斯（Harris）三参数分布[①]	$F(x) = 1 - \left[1 - \left(\dfrac{x}{x_0}\right)^s\right]^r$	x_0——最大颗粒粒度； s——与物料中细颗粒有关的常数； r——与物料中粗颗粒有关的常数

① 哈里斯三参数分布式的原始形式为 $F(x) = \left[1 - (x/x_0)^s\right]^r$，其中的 $F(x)$ 为筛上物累积百分数，而本书定义的 $F(x)$ 却为筛下物累积百分数，故取表中所示的形式。

2.2.1.3 颗粒粒度的影响

在固液分离过程中，颗粒粒度的影响是多方面的。首先，颗粒粒度是决定固液两相间相对运动速度的主要因素之一。如在重力或离心沉降时，颗粒的沉降速度与粒度的平方成正比。颗粒越大，沉降越快，固液分离的效果越好，而当粒度很小时，沉降分离或者不能实现或者进行得很慢，此时需另加凝聚剂或絮凝剂以使小颗粒聚集成团而加速沉降。其次，颗粒粒度在过滤过程中对滤饼结构影响很大。据研究，滤饼的比阻（描述滤饼阻力的物理量）与颗粒粒度的平方成反比。一般来说，粒度越大，过滤时形成的滤饼孔隙越大，滤饼的阻力则越小，过滤效率也就越高。此外，颗粒粒度与固液界面的面积紧密相关。随粒度的减小，固液界面急剧增大（事实上若颗粒粒度减小一个数量级，则固液界面几乎增大两个数量级），从而物料的表面水相应增多，使用药剂时的药耗也随之增大。因此，Lioyd 和沃德（Ward）曾提出根据物料粒度选择固液分离设备的一般性原则，示于图 2-3，以供参考。在实际工作中，可以通过凝聚、絮凝等扩粒过程增大粒度，即以浓缩手段提高浆体浓度，然后再选择相应的分离设备。

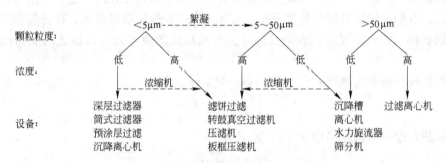

图 2-3 颗粒粒度及其相应的分离设备

2.2.2 颗粒的形状

颗粒形状是颗粒几何性质的另一主要方面。在固液分离过程中，颗粒形状的影响虽不及粒度那么重要，但在某些特定的场合，其作用也不可低估。如在重力或离心力作用下的沉降过程中，颗粒形状对沉降速度有较大影响；在滤饼过滤或絮凝处理时，不同形状的颗粒形成不同的滤饼或絮团结构；尤其重要的是颗粒形状与颗粒的比表面积关系密切，从而影响到表面水、药剂消耗等。总的来说，人们对颗粒形状与固液分离的关系研究得还很不够，这一方面是因为描述尤其是定量描述颗粒形状的方法还不成熟，另一方面则可能是因为在实际工作中颗粒形状很难像颗粒粒度那样可以人为地加以控制。

一个常用的描述颗粒形状的定量参数是所谓的球形系数 ψ，其定义为

$$\psi = S_{b,v}/S_{g,v} \tag{2-5}$$

式中　$S_{b,v}$——与颗粒具有相同体积的球体的表面积；

　　　$S_{g,v}$——实际颗粒的表面积。

显然，球体的球形系数为 1，越是形状不规则的颗粒，其球形系数越小。表 2-4 中的第二列给出了若干不同形状颗粒的球形系数。

除球形系数外，人们有时候也用面积形状系数［定义为颗粒表面积与其名义直径（如投影直径）的平方之比］、体积形状系数［定义为颗粒体积与其名义直径（如投影直径）的立方之比］、比表面形状系数［定义为面积形状系数与体积形状系数之比］等参数来定量描述颗粒的形状特征，有关数据亦列于表2-4以供参考。

表2-4　颗粒形状的定量表述

颗 粒 形 状	球 形 颗 粒		
	球形系数 1	面积形状系数 3.1416	体积形状系数 0.5236
类球状颗粒（水磨蚀的砂粒、熔融的烟尘、雾化金属粉末等）	0.817	2.7 ~ 3.4	0.32 ~ 0.41
多角状颗粒（煤粒、石灰石粉粒、石英砂等）	0.655	2.5 ~ 3.2	0.2 ~ 0.28
片状颗粒（石墨粉、滑石粉、石膏粉等）	0.543	2.0 ~ 2.8	0.12 ~ 0.16
薄片状颗粒（云母等）	0.216	1.6 ~ 1.7	0.01 ~ 0.03

2.3　固液体系的基本性质

当固体物料与液相介质构成体系时，由于两相间的共存方式及相互作用，而使整个体系呈现出一系列不同于各相单独存在时的特殊性质，其中与固液分离密切相关的有：固液体系的稳定性、悬浮液的黏度、颗粒表面上的电性与润湿性、液相的赋存状态等。

2.3.1　固液体系的稳定性

固液体系的稳定性指的是固体物料在液相介质中保持均匀分散的能力。显然，影响稳定性的因素很多，诸如固体物料的密度、浓度、粒度及其组成、界面电位、体系温度、搁置时间等。表2-5所示为这些因素与体系稳定性的定性关系。虽然这样的关系从定性上不难理解，但定量表述却并非易事。笔者曾对微细粒悬浮的稳定性指标与表面电位及搁置时间的关系进行过定量分析，发现稳定性随表面电位的减小及搁置时间的延长以负指数形式降低，而且悬浮物料的粒度及其组成对稳定性的影响尤为重要，随固体粒度的减小，时间的影响减弱，电位的影响上升。

表2-5　影响固液体系稳定性的因素分析

因素变化	固体密度增大	固体浓度上升	固体粒度变大	粒度组成变宽	界面电位增大	体系温度上升	搁置时间延长
稳定性	下降	增加	下降	增加	增加	下降	下降

从本质上说，固液体系的稳定与否取决于体系内各种作用的综合效果。颗粒间的静电斥力以及微细粒的布朗运动有利于颗粒的分散与悬浮，而颗粒间的凝聚以及在重力作用下的沉降行为则破坏固液体系的稳定性。在实际的固液分离过程中，有时候需要固体颗粒在液相中均匀分散，有时候又需要破坏体系的稳定。前者如外滤式真空过滤时，往往采用适当的搅拌装置以维持固体颗粒的悬浮而吸附到过滤介质上，后者如浓缩作业中，通常人为

地加入凝聚剂或絮凝剂以使微细颗粒聚集成团而加速沉降并获得浓度尽可能低的澄清液，尽管如此，一般而言，稳定性越好的悬浮液，固液分离的效果也越差，这是因为稳定的悬浮体系往往含有较多的微细颗粒，这些颗粒在浓缩时沉降缓慢，在过滤时则难以脱水。

2.3.2 悬浮液的流变性

在液相介质与固体颗粒组成的悬浮液中，除存在液体分子间的相互作用外，还存在颗粒之间及颗粒与液相之间的相互作用，因此悬浮液的流变行为比均质液相要复杂得多。相应地，描述切应力 τ 与变形率 γ 关系的本构方程也呈不同的形式。表2-6所列为几种典型流体的本构方程，对应流变曲线示于图2-4，至于这几种流变曲线的形成机制，有兴趣的读者可参阅有关文献。

表 2-6 典型流体的本构方程

流体类型	本构方程	参数说明	流体举例
牛顿型	$\tau = \mu\gamma$	μ——动力黏度	水、轻油、低浓度水悬浮液等
宾汉型	$\tau = \tau_0 + \eta\gamma$	τ_0——屈服应力； η——刚性系数	泥浆、一般矿物悬浮液
准塑型	$\tau = K\gamma^m$	K——稠度系数； m——行为指数（<1）	高分子溶液、纸浆、油脂等
膨胀型	$\tau = K\gamma^m$	K——稠度系数； m——行为指数（>1）	淀粉浆料、氧化铝、石英砂的水溶液

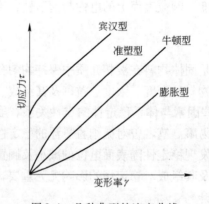

图 2-4 几种典型的流变曲线

从表2-6可见，除牛顿型流体外，其他几种流体黏性需要两个参数加以描述，这显然不够方便。为简单起见，人们有时候用表面黏度 μ_a 或相对黏度 μ_r 表征流体的黏性，它们分别定义为：

$$\mu_a = \tau/\gamma \tag{2-6}$$

$$\mu_r = \begin{cases} \mu/\mu_0 \text{（对牛顿型流体）} \\ \eta/\mu_0 \text{（对宾汉型流体）} \\ K/\mu_0 \text{（对准塑型及膨胀型流体）} \end{cases} \tag{2-7}$$

式中 μ_0——相同温度下悬浮液相的黏度。

可以想见，固体浓度是制约悬浮液黏度的最主要因素。除浓度外，被分散颗粒的形状、粒度、分散度、粒子表面的溶剂化作用、表面电荷以及体系温度等都不同程度地影响悬浮液的黏度。一般来说，在相同的体积浓度下，悬浮液黏度随分散相粒度降低及分散度的提高而增大；颗粒形状越不规则，表面溶剂化作用越强，表面电位越高，体系温度越低，悬浮液的黏度也越大。

2.3.3 颗粒表面的电性及润湿性

2.3.3.1 颗粒表面的电性

如前所述，水溶液是一种极性介质。当固体物料在水中分散时，其表面与极性水分子相互作用，发生溶解、吸附、表面电离等现象，从而使颗粒表面荷电，进而引起一系列复杂的物理化学过程。这些过程（如凝聚、絮凝等）将在本书的第 3 章详细讨论，这里仅就颗粒表面的几种荷电机理作一简单介绍。其一是所谓的优先溶解机理。当颗粒在水溶液中时，其表面晶格上的正、负离子受分子的吸引可能脱离晶格进入水中，从而使颗粒表面荷电。颗粒表面的电性与表面荷电量的大小则取决于正、负离子溶解能力的差异。若正离子比负离子更易进入溶液，则颗粒表面荷负电，反之荷正电；两种离子的溶解能力差别越大，电荷的电量也越多。以 CaF_2（萤石）在水中的荷电机理为例，由于表面的 $[F^-]$ 比 $[Ca^{2+}]$ 更易进入水中，所以颗粒表面荷正电，其他如 $BaSO_4$（重晶石）、$PbSO_4$（铅矾）等在水中的荷电机理与此类似。而对 $CaWO_4$（白钨矿）来说，由于 $[Ca^{2+}]$ 比 $[WO_4^{2-}]$ 易溶于水中，因此 $CaWO_4$ 颗粒表面在水中带负电荷。固体颗粒表面晶格离子的溶解取决于两方面的因素，即离子晶格能 Δu_s 与离子水化能 ΔF_h，前者为正，后者为负。离子溶解过程中的能量变化则为二者之和：

$$\Delta G_h = \Delta u_s + \Delta F_h \tag{2-8}$$

若正离子的 ΔG_h 小于负离子的相应值，则正离子优先溶解，颗粒表面荷负电；否则相反。

第二种荷电机理是水溶液中不同离子在固体表面上吸附能力的差异，发生正离子或负离子的优先吸附，从而可使固体表面带上相应的电荷。优先吸附的离子种类及数量与固液界面的状态及溶液中的离子组成有关。许多固体物料在水中常荷负电，这是因为阳离子半径较小，水化作用较强，因而比阴离子有更大的趋势留在水中而不被吸附的缘故。从碘化银在水溶液中荷电状态的演变，我们可以看到溶液中的离子组成是怎样影响固体表面的电性的。室温下碘化银在水中的溶度积为 10^{-16}。开始时，由于吸附较多的负离子（I^-），碘化银表面荷负电；然后向溶液中增加 Ag^+ 的浓度，则溶液中的 I^- 浓度降低，于是 Ag^+ 较多吸附到碘化银表面，使颗粒表面的负电位逐渐减小；当 Ag^+ 浓度增大到 $10^{-5.5}$ 时，I^- 的浓度相应减小到 $10^{-10.5}$，此时碘化银表面正负电荷平衡，呈电中性状态；若进一步增加 Ag^+ 浓度，碘化银表面反而荷上正电。可见溶液中正负离子浓度的不同决定了颗粒表面的荷电状态（包括电性的正负及电位的大小）。

颗粒表面在水溶液中的电离作用是表面荷电的另一种机理。有些固体物料，像石英、锡石等难溶矿物，在水中形成酸类化合物，然后部分电离，颗粒表面则荷上负电。以石英为例，经机械破碎后，石英晶体沿硅—氧键发生断裂，断裂表面在水中迅速与水分子起作用形成弱酸，生成的弱酸再经部分电离使表面荷负电：

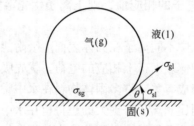

从石英表面的荷电过程不难看出溶液的 pH 值对表面电性的影响。石英的零电点（表面电位为零时的 pH 值）大约在 pH = 2 左右，pH 小于零电点时，表面荷正电；大于零电点时，表面荷负电。

固液界面电荷的存在，导致所谓的界面双电层，进而影响固液体系的稳定性。对双电层性质的研究构成了胶体科学中著名的 D. L. V. O 理论及异凝聚理论，出于不同目的而对电层进行人为控制是许多应用领域（包括固液分离）的重要课题之一。

2.3.3.2 颗粒表面的润湿性

润湿是固、液、气三相共存的一种状态，也可说是液体与气体争夺固体表面的一种过程。如图 2-5 所示，滴在固体表面上的液体，或在表面上展开或形成液滴停留于表面，取决于各个相界面上的界面张力。

图 2-5 推导扬氏方程的固、液、气三相平衡体系

根据平衡时三相接触点处合力为零的特点，T. 扬（Young）于 1805 年导出描述固体表面润湿性的基本公式（亦称扬氏方程）：

$$\cos\theta = \frac{\sigma_{sg} - \sigma_{sl}}{\sigma_{gl}} \tag{2-9}$$

式中 σ_{sg}，σ_{sl}，σ_{gl}——固-气、固-液及气-液界面的界面张力；

θ——接触角，可定量表示固体的润湿性。

当 $\theta > 90°$ 时，称固体是难以润湿的（或疏水的），当 $\theta < 90°$ 时，称固体是易于润湿的（或亲水的），θ 角越小，固体表面的润湿性越好，当 $\theta = 0°$ 时，液体则在固体表面上铺展

开来,即完全润湿固体。在固液分离过程中,我们希望固体物料的润湿性越差越好。从式(2-9)可见,欲使固体物料疏水化(即增大接触角 θ),需设法降低固体的表面能 σ_{sg},使用适宜的表面活性物质可达这一目的。在过滤作业中,助滤剂的作用就是如此,它们吸附在固体表面上,降低固体的表面能,增大物料的疏水性,结果形成的滤饼阻力较小,水在孔隙中更易流动,从而更有效地脱除水分。

2.3.4 液相在固体物料中的赋存状态

工业生产中常见的液相是水,在此仅对水在矿物中的赋存状态加以分析。矿物中的水分包括成矿过程水分、开采用水、分选加工用水以及运输、贮存过程加入的水分。这些水分以不同形态赋存于物料中。通常有四种存在形式,即化合水分、结合水分、毛细管水分和自由水。

2.3.4.1 化合水分

化合水分指水分和物质按固定的重量比率直接化合,成为新物质的一个组成部分。它们之间结合牢固,只有在加热到物质晶体破坏的温度,才能使化合水分释放出来。这种水分含量不大,即使在热力干燥过程中,也不能通过蒸发除去。因此,讨论脱水时,不考虑这部分水分。

2.3.4.2 结合水分

结合水分也称吸取水分。在固体物料和液体水相接触时,在两相的接触界面上,由于其物理化学性质与固体内部的不同,位于固体或液体表面的分子具有表面自由能,将吸引相邻相中的分子。该吸引力使气体分子或水蒸气分子在固体表面吸附,其水汽分压小于同温度下纯水的蒸气压。在吸附了水分子以后,即在固体表面形成一层水化膜。其厚度为一个水分子或数个水分子。有的书上将该部分水分分为强结合水和弱结合水。前者由于静电引力和氢键连接力的作用,水分子可牢固地吸附于颗粒的表面。此种水具有高黏度和抗剪切强度,很少受温度的影响。后者与颗粒表面联系较弱,但仍有较高的黏度及抗剪切强度。

A 强结合水

强结合水亦称吸附结合水,指紧靠颗粒表面直接水化的水分子及稍远离颗粒表面,由偶极分子相互作用,定向排列的水分子组成。

B 弱结合水

弱结合水指与颗粒表面联系较弱的这部分强结合水,在温度、压力出现变化时,偶极分子之间的连接被破坏,使水分子离开颗粒表面,在距其稍远部位形成的一层水。该层水受渗透吸附作用控制,水层厚度大于1nm,亦称渗透吸附水。渗透吸附水是结合水向自由水过渡的一层水。结构上常具有氢键连接的特点,但水分子无定向排列现象。

通常,进入双电层紧密层的水分子为强结合水,在双电层扩散层上的水分子为弱结合水。

结合水与固体结合紧密,不能用机械脱水方法排除,应采用干燥方法除去一部分,但不能全部去除。当物料再度和湿度较大的空气接触时,由干燥蒸发出去的那部分水分又有可能重新被吸取回来。

2.3.4.3 毛细管水分

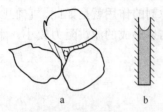

图 2-6 毛细管水分示意图

a—颗粒间毛细管；b—颗粒本身毛细管

松散物料的颗粒与颗粒之间形成许多孔隙。当孔隙较小时，将引起毛细管现象，水分子可以保留在这些孔隙内。煤粒本身也存在裂缝与孔隙，同样可以保留水分。这些水分统称毛细管水分。毛细管水分示意图见图 2-6。

物料的毛细管水分与其孔隙度有关。孔隙度表示单位体积物料中，所有空隙的体积，即：

$$m = (V_1 - V_2)/V_1 \tag{2-10}$$

式中　m——物料的孔隙度；

V_1——物料的体积，m^3；

V_2——物料中固体颗粒所占据的体积，m^3。

孔隙度也可以用下式进行计算：

$$m = \frac{100(\delta - \delta_1)}{\delta} \tag{2-11}$$

式中　δ——固体的密度，kg/m^3；

δ_1——物料的松散密度，kg/m^3。

孔隙度越大，可能保留的水分越多。

当孔隙为圆柱形，直径为 d 时，由于毛细管吸力作用所能保留的水柱高度 h，可用力的平衡条件求出，其平衡状态水柱高度见图 2-7。

$$\pi d\sigma\cos\theta = \pi(\frac{d}{2})^2 h\rho g \tag{2-12}$$

$$h = \frac{4\sigma\cos\theta}{d\rho g} \tag{2-13}$$

式中　σ——水的表面张力，N/m；

θ——物料的平衡接触角，$(°)$；

ρ——水的密度，kg/m^3；

g——重力加速度，m/s^2。

可见，物料毛细管中水柱高度除与水的性质有关外，还与物料性质及毛细管的直径有关。颗粒毛细管直径越小，水柱高度越大；此外，亲水性的物料，其接触角较小，毛细管中水柱高度增大。从而，增加了毛细管水分的含量。

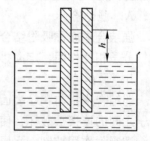

图 2-7 平衡状态毛细管中水柱高度图

毛细管水分根据所采用的脱水方法及毛细管直径的大小，可脱除一部分，但不能全部脱除。

2.3.4.4 自由水

自由水亦称重力水，存在于各种大孔隙中，其运动受重力控制。自由水是最容易被脱除的水。

2.4 煤泥水处理

对于采用湿法分选的选煤厂来说，经主选作业后就会产生大量的煤泥水，因而煤泥水的处理就从主选作业的下一道工序开始。煤泥水处理流程主要是由不同脱水设备，煤泥水不同流向组成的。本节主要介绍煤泥水的性质、原则流程、内部结构及洗煤厂洗水闭路循环。

2.4.1 煤泥水的性质

煤泥水由煤和水混合组成。其性质既与煤的性质有关，又与水的性质有关，并受它们之间相互关系的影响。因此，煤泥水的性质随煤种、产地、采煤方法、运输方式、选煤手段、原煤中细粒含量、次生煤泥性质和数量、可溶性盐类的种类和数量以及所用水质的变化而变化。这些性质直接影响到煤泥水的沉降特性、絮凝性质、过滤效果及脱水后的产品水分含量等。

煤泥水的主要性质有浓度、黏度、化学性质以及其中煤泥的粒度、矿物组成等。

2.4.1.1 煤泥水的浓度

煤泥水的浓度对脱水方法的选择及脱水效果有极其重要的影响。在选煤厂，煤泥水的浓度常用三个指标表示：液固比、固体含量和重量百分浓度。

A　液固比

液固比常用 R 表示。系指一吨干煤所带水的立方米数。常用于洗选、浓缩和分级作业中。

$$R = V/G \tag{2-14}$$

式中　G——煤水混合物中煤的重量，t；

V——煤水混合物中水的立方米数，m^3。

对于某作业，只要知道液固比 R 和干煤处理量，就很容易算出所需的用水量。

B　固体含量

固体含量在选煤厂中常用 q 表示。其含义为一升煤泥水中所含煤泥的克数。该指标在选煤厂中应用极广，如浮选入料、浮选尾煤、浓缩机溢流、底流、跳汰机循环水的浓度等，通常均用该指标表示。

煤泥水的固体含量可用浓度壶进行测定，可按下式计算

$$q = \frac{\delta}{\delta - 1}(G - 1000) \tag{2-15}$$

式中　δ——煤泥的密度，g/cm^3；

G——浓度壶中煤泥和水的总重量，g。

固体含量本身是个操作指标。很多作业对它都有一定的要求。例如浮选，采用浓缩浮选时，固体含量常达 $150 \sim 200g/L$；如采用直接浮选，固体含量最好控制在 $60g/L$ 以上。浮选浓度的变化将直接影响到处理量、药剂用量、浮选精煤回收率及浮选精煤质量，并使浮选操作困难。

C　重量百分浓度

重量百分浓度指煤水混合物中干煤泥的重量占整个煤水混合物总重量的百分数。可由下式求得

$$C = \frac{G}{G + W} \times 100\% \qquad (2\text{-}16)$$

式中　C——重量百分浓度,%;

　　　W——煤水混合物中水的重量,t;

　　　G——煤水混合物中煤的重量,t。

重量百分浓度和水分,刚好是煤泥水的总量,是组成一个湿产物的两个方面。因此,二者之和为 1 或 100%。

　　D　各指标之间的换算

上述指标,从不同角度表示在一个湿产物中,水与固体在量方面的关系,在工艺过程计算中各有其不同的用途。各指标均与产物的基本数据水重、煤重、密度有一定关系,所以,它们之间可以互相进行换算。

(1) 重量百分浓度与固体含量之间的换算。当已知产物的重量百分浓度 C 和其中固体密度 δ,即可按式 (2-17) 计算煤泥水的固体含量 q (g/L):

$$q = \frac{C}{(C/\delta) + (100 - C)} \times 1000 \qquad (2\text{-}17)$$

同理,也可以由固体含量 q 计算出矿浆中煤泥所占的重量百分浓度 C。

(2) 液固比与重量百分浓度之间的换算。如已知产物的液固比 R,根据 R 的含义,可推导出煤泥水中煤泥重量占煤泥水重量的百分数 C:

$$C = \frac{1}{1 + R} \times 100\% \qquad (2\text{-}18)$$

(3) 液固比与固体含量之间的换算。当已知液固比 R 与固体密度 δ,可按下式计算固体含量:

$$q = \frac{1000\delta}{\delta R + 1} \qquad (2\text{-}19)$$

2.4.1.2　煤泥水的黏度

普通水的黏度随温度不同,将发生很大的变化,对煤泥水,特别是煤泥粒度较细时更应加以考虑。由于煤泥水与纯水的性质不相同,因此,仅从煤泥水中固体含量这个观点出发进行评定是不够全面的,煤泥的性质和粒度组成对其黏度均有很大影响。

为了表达粗分散体系悬浮液的黏度特性,采用一个专门术语"有效黏度"。有效黏度反映浓度、固体性质、固体颗粒之间以及颗粒与流体之间复杂的相互作用情况。

各种不同煤泥水的有效黏度,可按下式计算:

$$\mu_e = \mu_1 \frac{t_1 \rho_1}{t_2 \rho_0} \qquad (2\text{-}20)$$

式中　μ_e——煤泥水的有效黏度,Pa·s;

　　　μ_1——纯水的动力黏度,Pa·s;

　　　t_1——纯水自黏度计流出的时间,s;

　　　t_2——煤泥水自黏度计流出的时间,s;

　　　ρ_0——纯水的密度,1000kg/m³;

　　　ρ_1——煤泥水的密度,kg/m³。

煤泥水的有效黏度既与煤泥水的浓度有关，又与煤泥水中煤泥的粒度组成有关，后者的影响尤其明显。当水中的煤泥粒度小于45μm时，煤泥水的有效黏度急剧增大；而当水中的煤泥粒度大于45μm时，则煤泥水的有效黏度与普通水相差不大。表2-7所列为煤泥水的有效黏度与其粒度组成和浓度之间的关系。

随煤泥水黏度增加，颗粒沉降速度显著减小，煤与水的分离难度明显增大。

表 2-7　15℃时煤泥水的有效黏度　　　　　　　　　　　　　（Pa·s）

煤泥水的浓度 /g·L⁻¹	煤泥粒度/μm			
	<1000	<250	<75	<45
0	0.001145	0.001145	0.001145	0.001145
100	0.001208	0.001204	0.001208	0.001211
200	0.001275	0.001280	0.001308	0.001295
300	0.001321	0.001339	0.001428	0.001429
400	0.001434	0.001458	0.001607	0.001613
500	0.001614	0.001720	0.001955	0.002114
600	0.001704	0.002477	0.002955	0.003396

2.4.1.3　煤泥水的主要化学性质

煤泥水的化学性质，包括水的硬度、水中溶解物质的组成、酸碱度等。这些性质部分是由生产用水的性质决定，部分受煤泥性质影响。由于煤泥在水中浸泡后，产生某些成分的溶解，致使煤泥水性质发生变化。煤泥水化学性质的改变，对浮选和煤泥水澄清作业影响极大。

A　水的硬度

工业用水和生活用水都有硬水、软水之分。水的硬度反映水中钙、镁离子的含量，所含钙、镁离子越多，水的硬度也越大。

水的硬度可用德国硬度、美国硬度、法国硬度、英国硬度及毫克当量硬度表示。它们之间可以互相换算，1毫克当量硬度相当于 1 L 水中含有 20.04mg 的 Ca^{2+} 或 12.16mg 的 Mg^{2+}。经换算，1 毫克当量硬度 = 2.804 德国硬度 = 3.511 英国硬度 = 50.045 美国硬度 = 5 法国硬度。水的硬度等级见表2-8。

表 2-8　水的硬度等级

水 的 类 型	硬　度	
	毫克当量/L	德国硬度
极软水	<1.5	<4.2
软　水	1.5～3.0	4.2～8.4
中等硬水	3.0～6.0	8.4～16.8
硬　水	6.0～9.0	16.8～25.2
极硬水	>9.0	>25.2

水的硬度对煤泥沉降有极大的影响。因为，当硬度较大时，水中的 Ca^{2+}、Mg^{2+} 离子含量增高，这些离子可以在颗粒表面进行吸附，从而改变颗粒表面的电位，使表面的水化作用发生变化，促使颗粒分散或凝聚，最终导致沉降特性发生变化。在使用絮凝剂对煤泥水中悬浮颗粒进行絮凝时，由于 Ca^{2+}、Mg^{2+} 离子的存在，经常还可降低絮凝剂的用量。

B 水中溶解物质的组成

选煤厂用水多数来自井下水或附近河水、湖水等，本身含有多种杂质，特别是一些可溶性盐类。加之分选过程中颗粒在水中浸泡时间较长，由于某些组分的浸出、溶解现象，而水中的某些可溶物又吸附到颗粒表面，从而改变了水中溶解物质的组成。水中离子除 Ca^{2+}、Mg^{2+} 外，还有 K^+、Na^+、Fe^{2+}、HCO_3^-、SO_4^{2-}、NO_3^-、Cl^-、Al^{3+}、SiO_3^{2-} 等。通常，这些离子对浮选及煤泥水处理过程影响不大。但由于选煤厂洗水闭路循环，它们将在洗水中逐渐积累，在某些情况下，对煤泥沉降、洗水澄清，甚至对煤泥浮选产生一定影响。一些学者认为，为了使洗水澄清过程顺利进行，煤泥水中总盐量应保持在 3000 ~ 6000mg/L 左右。

C 水的酸碱度

水的酸碱度主要对絮凝过程有较大的影响，使煤泥水澄清过程的效果发生变化。酸度过高时，还会引起设备的腐蚀。但在选煤厂中，由于煤泥浮选药剂制度较简单，煤泥水处理过程的酸碱度很少进行人为的调节。

2.4.1.4 煤泥水中煤泥的性质

煤泥水的性质与煤泥水中悬浮煤泥性质有极大的关系，其中最主要的是煤泥的粒度、煤泥的矿物组成及煤粒表面的物理化学性质等。

A 煤泥的粒度组成

煤泥水中煤泥的粒度组成在很大程度上决定了煤泥水处理过程的难易程度。粒度组成对精选、脱水、过滤、浓缩、澄清等作业效果都有显著影响。因此，了解和掌握煤泥的粒度分布，特别是微细颗粒的分布是极其重要的。

a 粒度的表示方法

固体颗粒的形状，绝大多数是不规则的。为了表示其大小，常采用当量或统计的方法。一般有当量球直径、当量圆直径和统计学直径。用不同的粒度测定方法，得到不同的粒度。在颗粒相对于流体运动机制中，如重力沉降、离心沉降及水力旋流器中，常采用测定斯托克斯直径和沉降直径的方法；而在过滤中应采用测定表面积直径更为恰当些。所以，选取粒度表示方法时，应选用与所研究的颗粒性质关系最密切的粒度。有关煤泥粒度的表示方法可见 2.2 节，在此不再赘述。

b 粒度分布及其特征值

通过物料粒度分析试验，可以得到颗粒粒度累积分布曲线和粒度分布曲线。并可得到一组与粒度群有关的特征值。

（1）颗粒粒度累积分布曲线和粒度分布曲线。粒度分布有多种类型，如以数字表示的颗粒粒度分布，以质量表示的颗粒粒度分布及以长度或表面积表示的颗粒粒度分布等。在选煤和煤泥水处理工艺过程中，通常采用以质量表示的颗粒粒度分布。该类型的粒度累积分布曲线和粒度分布曲线如图 2-8 所示。图中横坐标均表示粒度，纵坐标分别表示累积产率和各粒级的产率。

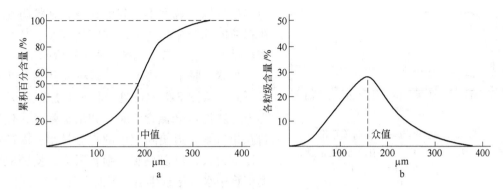

图 2-8　粒度累积分布曲线和粒度分布曲线
a—粒度累积分布曲线；b—粒度分布曲线

（2）粒度群的特征值。对于一个给定的粒度群，具有某些特征数值，可以用这些数值加以描述。如众值、中值和平均值。这些数值虽然不能表示粒群的分布宽度，但在某些情况下，可为过程控制提供指导。

1）众值。众值是粒度群中最常出现的粒度，也即与粒度分布曲线中峰值相应的粒度。某些粒度群的粒度分布可能有几个峰，称为多峰分布或多众值分布。根据粒度曲线很容易确定其众值。

2）中值。中值又称 50% 粒度，系指一半颗粒大于该值，另一半颗粒小于该值的那种粒度。对于粒度分布曲线，即为将分布曲线下的面积分为两等分的粒度。根据累积分布曲线很容易确定中值，它与 50% 相应。

3）平均值。常称平均直径，对于一个确定的粒度分布函数，平均值可有多种表示方法，如算术平均值、几何平均值、平方平均值等。算术平均值可用下式表示：

$$\bar{x} = \int_0^\infty x f(x) \, dx \qquad (2-21)$$

式中　$\bar{x}$——平均直径；

x——颗粒粒度；

$f(x)$——粒度分布函数，可以是以长度、表面积或质量等表示的颗粒粒度分布。

c　物料的粒度大小及粒度组成对脱水的影响

物料的粒度越小，其表面积越大，结合水的水量越多，脱水越困难，物料虽经脱水，但其含水量仍较高。但达到一定值时，脱水产品的含水量增加就缓慢了。主要是由于粒度过小，颗粒间的孔隙也小，其间容纳水分减少的缘故。对粒度为 80 ~ 12mm 的煤，经脱水后产品水分为 7% ~ 8%，粒度为 12 ~ 1mm，水分含量为 11% ~ 12%；当粒度为 1 ~ 0mm 时，其含水量可达 30%。另外，在过滤作业中，如果物料中细泥含量增多，必将导致滤饼水分增高，滤液中固体含量增大，固-液分离不彻底；反之，过滤入料粒度偏粗，细泥含量很少，则滤饼厚，水分低，滤液浓度也低，固液分离比较彻底。

粒度不同，应采用不同的脱水方法。图 2-9 反映了不同粒度、不同脱水方法的煤粒脱水效果。

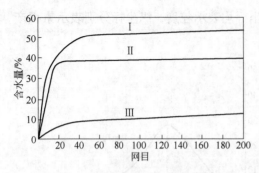

图 2-9　粒度与含水量的关系图

I—自然脱水的结果；Ⅱ—有颤动情况的脱水；
Ⅲ—离心力过滤结果

粒度组成均匀的物料，颗粒间孔隙较大，虽然能容纳比较多的水分，但其水分容易受重力作用排除。粒度不均匀的物料，细粒将充填在粗粒的孔隙中，颗粒间空隙比较小，其水分较难排除。必须借助机械方法进行脱除。

当然，脱水方法不同，颗粒表面剩余水分也不同。从图 2-9 中可见，脱水时加颤动及离心力过滤均可降低含水量。如增加颤动，使物料互相挤紧，迫使间隙中的水分排出；因离心力比重力大，可以克服毛细管吸力，使颗粒间毛细管中水分尽量排出，因而水分显著下降。

B　煤泥的矿物组成

煤泥的矿物组成较为复杂，随煤种、产地不同而不同。主要有石英、方解石、黏土矿物和黄铁矿等。黏土矿物种类很多，又有高岭石、蒙脱石、绿泥石等，多达上百种。

当黏土矿物含量高时，在分选及以后的产品处理过程中，极易泥化，且粒度微细，大大增加了煤泥水中细粒级的含量，使煤泥水的黏度大幅度增加，对浮选和煤泥水处理都带来极大的不利。为了使选煤厂生产正常进行，应及时将细泥从系统中排出。这些细泥除难于沉降外，回收也极困难。因此，黏土类矿物含量越高，意味着煤泥水处理过程越困难。

研究结果表明：泥化程度和煤化程度有一定联系。煤化程度低的煤层中常含有较多的粉砂岩、泥质页岩及成岩作用差的黏土类分散矿物，水分子极易进入其晶格内部，并在水分子作用下迅速溶胀、分解成为微细颗粒。

黏土矿物中的钠离子含量对泥化程度有很大影响。通常，钠离子含量越高，泥化越严重。

黏土类物质，由于粒度小，具有很大的比表面、分散性高、亲水性强、表面负电性强，易黏附到煤粒表面，影响末精煤质量，增大药剂消耗，并使煤泥水处理系统变得复杂、困难，难于脱水、难于沉降，致使在循环水中累积。因此，妥善处理这部分物料是煤泥水处理中的关键。

黄铁矿含量较高的煤种，通常其产品的硫分也高，特别是在黄铁矿的嵌布粒度比较细时，更是这样。为了得到合格精矿，必须进行脱硫，增加流程的复杂性。粒度很细的黄铁矿，虽可采用浮选进行脱硫，但效果不太理想，有待于进一步进行研究。

C　煤粒表面的物理化学性质

煤粒表面的物理化学性质除了对浮选有极大影响外，对矿物悬浮液的分散和絮凝也有很大影响。由于其表面性质不同，表面的双电层结构不同，可由其表面电荷的大小及符号决定煤粒处于分散或絮凝状态，并可决定细泥能否在煤粒表面进行覆盖。该部分内容在浮选中已有详细论述，此处不再赘述。

2.4.2　煤泥水处理系统的原则流程

煤泥水处理系统的原则流程有三种形式：浓缩浮选流程、直接浮选流程、半直接浮选流程。

2.4.2.1 浓缩浮选流程

所谓浓缩浮选流程，就是将全部煤泥水，包括斗子捞坑的溢流、角锥沉淀池溢流、旋流器回收粗煤泥的旋流器溢流、煤泥回收筛筛下水及离心脱水机的离心液等，全部进入大面积的浓缩设备进行浓缩，浓缩设备溢流作循环水，其底流经稀释后作为浮选入料。浮选尾煤排出厂外废弃或进行沉淀后回收使用。为了防止因煤泥回收筛或离心脱水机筛网破损，粗粒物料进入浮选，致使粗粒损失在尾矿中，因此常将煤泥回收筛的筛下水及离心脱水机的离心液返回到原分级设备，如斗子捞坑、角锥沉淀池等设备中，进行再次分级。其流程见图 2-10。

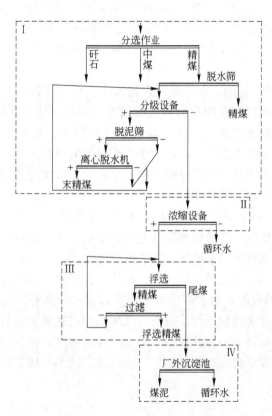

图 2-10 浓缩浮选流程

Ⅰ—选煤脱水作业区；Ⅱ—浓缩作业区；Ⅲ—煤泥精选，脱水作业区；Ⅳ—尾煤澄清作业区

A 流程的组成

通常可以将图 2-10 的流程划分为四个作业区，即选煤脱水作业区、浓缩作业区、选煤精选脱水作业区及尾煤澄清作业区。以上四个作业区是选煤厂的基本组成部分。相同的作业区可以用不同的设备，如分级作业可用斗子捞坑，也可用角锥沉淀池，还可用倾斜板等。

B 浓缩浮选流程工作效果分析

（1）判断煤泥水处理系统工作效果的判据。煤泥水处理系统工作好坏，一般有三个判据，循环水浓度、煤泥厂内回收和洗水闭路循环。

1）循环水浓度。对选煤来说，循环水的浓度越低越好，有利于分选作业的进行，提高分选效果，减少细泥对产品的污染。由选后产品带出的煤泥量可知，精煤中煤泥含量随循环水固体含量增加显著增多，而且随产品粒度减少，污染量增大。导致精煤灰分也有所增加。通常，当循环水中固体含量由 50g/L 增加到 500g/L 时，精煤灰分可增加 1%。因此，在选煤厂生产过程中，严格控制循环水浓度是非常必要的。

2）洗水闭路循环的程度。选煤厂中所用洗水应全部经过澄清，并返回再用，不应排放至厂外。否则，既造成水资源的损失，又直接造成了选煤厂水环境污染。

3）煤泥厂内回收。煤泥需在厂内回收，不应排出厂外污染环境。这些煤泥粒度极细，很容易形成飞尘，随风飘扬，造成大面积污染。

（2）工作效果分析。选煤厂中各作业所用设备容积、用水量均很大，为了降低循环水的浓度，应做到洗水闭路循环，避免煤泥在系统中循环积累，生产过程中要注意两个问题：一是水量平衡问题；二是细泥排除问题。长期生产实践的经验表明，浓缩浮选存在着上面两个缺点。

1）细泥不能从系统中排除。在浓缩浮选流程中，全部煤泥水都进入浓缩设备，在重力场中进行沉降，一些细粒和极细粒物料沉淀困难。而且，随浓度增大，沉淀更加困难。实际在浓缩设备中，只能沉淀部分煤泥，其余均进入溢流，在系统中反复循环，逐步累积。在循环过程中，由于煤泥量增大，加大了浓缩设备的负荷。还由于颗粒在循环中，经过多次泵送，不断破碎和泥化，粒度更细，进一步恶化了浓缩设备的沉降效果，使溢流中的煤泥量增大，增加细泥在系统中循环。

2）水量不易平衡。由于细泥不能很好地从系统中排除，循环水中循环累积的煤泥量越来越多，增大了洗水浓度，严重影响跳汰选煤的效果。为了维持循环水浓度在合理的水平上，不可避免地要定期或不定期地排放高浓度的煤泥水。一方面造成煤泥的流失，另一方面使洗水不能全部复用，增加系统的补加清水量，造成水量不平衡。

3）浓缩浮选流程的改革。为了解决洗水浓度过高、浮选补加清水过大的问题，一些选煤厂对所采用的浓缩浮选流程进行了改革，采用浓缩机底流大排放的办法，增大浓缩设备底流排放量，提高浓缩设备的沉淀效率，降低循环水浓度，减少浮选补加清水量，使水量达到平衡。对采用浓缩浮选流程的选煤厂，应该说，这是一项有效的改进措施。

2.4.2.2 直接浮选流程

为了克服浓缩浮选流程的缺点，对工艺进行改革，近年来，国内外都在推广直接浮选的煤泥水处理流程。

A 直接浮选流程的推导

如果将图 2-10 中的 4 个作业区以 4 个方块表示，并对进入各作业区的煤泥进行平衡，则得到如图 2-11 所示的煤泥分配关系图。其中：Q_0 表示原煤新带进系统的煤泥，a 表示由产品带走煤泥占新进入系统煤泥的比值，通常产品带走的煤泥数量很少，因此，a 值较小，b_1 表示浓缩作业的沉淀效率，指经沉淀的煤泥量占作业入料煤泥量的比值；尾煤澄清作业区也有一个沉淀效率，以 b_2 表示。

尾煤作业区Ⅳ如果面积足够，或用有效方法进行处理，可使浮选尾煤中的固体颗粒基本上全部沉淀下来，即 $b_2 \approx 1$，尾煤澄清水的浓度可近似等于零。

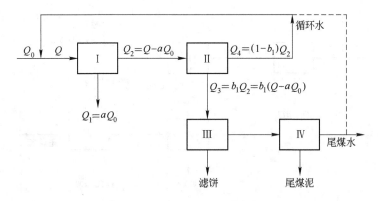

图 2-11 煤泥在系统中的分配图

根据平衡关系，进入系统的新煤泥量 Q_0 应等于系统中各产物排出煤泥量的总和。进入作业区 I 的煤泥量 Q，应该是 Q_0 和循环水中所带循环煤泥 Q_4 之和。即：

$$Q = Q_0 + Q_4 = Q_0 + (1 - b_1)(Q - aQ_0)$$

经整理后得：

$$\frac{Q}{Q_0} = \frac{1 - a(1 - b_1)}{b_1}$$

循环煤泥和新进入系统煤泥的比值，称为循环系数，以 K 表示。则图 2-11 所示流程的循环系数 K_1 为

$$K_1 = \frac{Q_4}{Q_0} = \frac{Q - O_0}{Q_0} = \frac{(1 - a)(1 - b_1)}{b_1} \qquad (2-22)$$

循环系数 K 值越大，说明循环煤泥量越大，循环水的浓度越高。因此，循环系数是表征煤泥水系统工作成效的指标。此外，从式（2-22）还可看出 a 和 b_1 值越大，K 值就越小。但 a 值增大，表明煤泥对精煤的污染增加。b_1 则与煤质、设备及操作因素有关。原煤中含易泥化的黏土物质少、澄清设备的性能优、单位面积负荷小等均能提高沉淀效率 b_1 值。在其他效率相同时，澄清设备多排底流，底流的浓度尽量稀一些，不作过分的浓缩，也能显著提高沉淀效率。由实际生产技术检查资料中可得到：a 值常在 $0.2 \sim 0.4$ 之间，b_1 值在 $0.2 \sim 0.5$ 之间。如取 $a = 0.2$，$b_1 = 0.3$，则得到：

$$K_1 = (1 - 0.2)(1 - 0.3) / 0.3 = 1.87$$

K_1 的数据表明，进入系统的新煤泥量如果是 1t，实际在系统中的煤泥为 2.87t。

图 2-11 中浓缩设备的溢流水，若分出一部分作为浮选入料的稀释水，其数量占浓缩设备溢流量为 n，n 为小数。此时可得到图 2-12 所示的煤泥分配图。

如图所示，循环煤泥量发生了变化，成为 $(1 - n)(1 - b_1) Q_2 = (1 - n)(1 - b_1)(Q - aQ_0)$，经整理后可得变化后的循环系数，以 K_2 表示：

$$K_2 = \frac{(1 - n)(1 - a)(1 - b_1)}{1 - (1 - n)(1 - b_1)} \qquad (2-23)$$

如果分出的数量占浓缩设备溢流量的 0.2，a、b_1 值不变，此时：

$$K_2 = \frac{(1 - 0.2)(1 - 0.2)(1 - 0.3)}{1 - (1 - 0.2)(1 - 0.3)} = 1.02$$

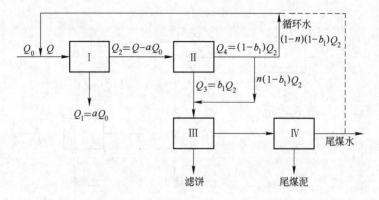

图 2-12　浓缩设备溢流水，分出部分作浮选稀释水时的煤泥分配图

使循环煤泥降低很多，几乎为原来的一半。

从式（2-23）可见，n 值越大，K_2 值越小。因此，增大 n 值对降低循环煤泥量、降低洗水浓度，促使细泥从系统中排出是有利的。但是，分出浓缩设备的溢流水作浮选稀释水，实际上是使一部分已经分离的溢流和底流重新混合，降低了设备的利用率。可以设想，若让这部分物料不经过浓缩设备，直接去浮选，也可以起到同样的作用。此时，图 2-12 改变为图 2-13 形式。

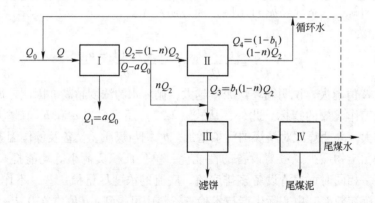

图 2-13　部分煤泥水不经浓缩，直接去浮选的流程

改变后流程，循环煤泥量仍为 $(1-n)(1-b_1)Q_2$，经推导得出的循环系数 K 值也仍为式（2-23）的形式。但如前所述，n 的意义已发生了变化。因此，实际循环系数的数值要比图 2-12 的小。因为，分出部分煤泥水不经浓缩，直接去浮选，减少了进入浓缩设备的负荷量，即降低了浓缩设备的单位面积负荷，使沉淀效率 b_1 提高，降低了循环煤泥量。

假定，分出煤泥水 n 仍取值 0.2，而沉淀效率 b_1 由 0.3 提高到 0.4，此时可得 K_3 值为：

$$K_3 = \frac{(1-0.2)(1-0.2)(1-0.4)}{1-(1-0.2)(1-0.4)} = 0.74$$

可见，循环煤泥量又有所降低。

只要浮选设备有足够能力，满足按矿浆体积计算的处理能力，n 值就可以不受限制地增加，一直增加到全部煤泥水不经浓缩，直接去浮选。因而，省去了浓缩作业。此时，循环水全部由浮选尾煤经澄清后返回使用。

显然，当 $n=1$ 时，循环水中基本没有煤泥。因此，循环系数等于零

$$K_4 = 0$$

这种简化的煤泥水流程称为直接浮选流程。

B 直接浮选流程的优点

直接浮选流程由于其流程结构作了改变，具有下述优点：

（1）作业数减少，流程简化。直接浮选流程取消了起浓缩作用的庞大浓缩设备，因此，流程简化，管理方便，并降低基建费用，减少维修工作量。

（2）提高煤泥的可浮性。省去了浓缩作业，缩短煤泥在水中的浸泡时间，使煤粒表面疏水性提高，增加煤和矸石表面性质的差别，提高煤泥的可浮性，从而，使精煤回收率提高。

（3）提高煤泥浮选的选择性。采用直接浮选时，由于没有循环煤泥，因此，减少了煤泥泵送次数，减轻了泥化现象，克服细泥选择性差的弊端，也减少了极细粒泥质杂质在煤粒表面覆盖的现象，使煤泥浮选过程的选择性提高，改善精煤质量。

（4）提高其他作业效果。由于从系统中排除了细泥，降低了洗水浓度，提高了分选效果，减少了清水用量，使水量易于平衡。取消浓缩作业，可以解决浮选滞后水洗的现象，使浮选入料的粒度和浓度较为均匀，提高工时利用率，并可提高过滤作业的效果。

由此可见，直接浮选与浓缩浮选相比有较大的优越性。特别在简化流程、从系统中排除细泥、降低洗水浓度、促使洗水闭路循环及提高煤泥水系统的工作效果等方面有很大的前途。

C 直接浮选流程的使用条件

直接浮选虽有很多优点，但从一些选煤厂使用该流程的生产实际结果表明，通常存在浮选入料浓度过低的现象。为了保证浮选入料有较合适的浓度，充分利用浮选设备，并有较稳定的操作条件，采用直接浮选流程，应具备下列条件：

（1）控制选煤脱水作业区的用水量。采用直接浮选流程时，选煤脱水作业区的水量除由该作业区排出的产品带走外，全部进入浮选。如果水量不受控制，势必造成浮选入料浓度过低，致使浮选操作困难，并增加浮选机台数。采用直接浮选流程时，其浮选入料的理想浓度为 $60 \sim 80 \ g/L$。

（2）浮选前设置适当容积的缓冲池。浓缩浮选时，浮选入料为浓缩设备的底流。容积庞大的浓缩设备可起到缓冲作用，对原煤的含泥量及用水量的变化进行调节。直接浮选取消了浓缩设备，为了提高浮选效果，稳定浮选操作，故浮选前必须设置适当容积的缓冲池，以调节各种因素的变化。

（3）浮选尾煤需彻底澄清。使用直接浮选流程后，浮选尾煤澄清溢流水是选煤所用循环水的唯一来源。浮选尾煤粒度细、灰分高，不经彻底澄清，随循环水进入选煤作业，极易粘在块精煤的表面上，造成精煤污染。因此，浮选尾煤必须彻底澄清。

2.4.2.3 半直接浮选流程

直接浮选时，一些选煤厂浮选入料浓度甚至低于 $40 \ g/L$。为了保证浮选入料浓度，可以采用半直接浮选流程，一般有三种情况：

（1）主选、再选分设捞坑，再选捞坑溢流水直接作循环水。再选入料通常是主选中煤，分选过程的大量煤泥都随主选精煤通过脱水筛进入主选捞坑。进入再选的煤泥量很少。再选捞坑溢流水浓度较低，常在 $10 \ g/L$ 左右。据此，主选、再选分设捞坑后，主选

捞坑的溢流水作浮选入料，因有较高的浓度；再选捞坑溢流水因其浓度较低，可以考虑直接作循环水。

（2）不分设捞坑，其溢流水分出部分作循环水。多数选煤厂，为了方便管理，主、再选常合并使用捞坑。可分出一部分溢流水作再选循环水，因再选本身煤泥量少，循环水中即使带进一些煤泥不致影响分选效果。该流程有一定的循环量，不能彻底从系统中排除细泥。但再选量较少，循环量通常不大，对分选不致有影响，而浮选浓度可适当提高。

（3）捞坑溢流水部分进入浓缩设备，部分作浮选稀释水。该流程在直接浮选流程推导时曾提及，此处不再赘述。可用于老厂改造，这是一条有效的途径。

2.4.3 煤泥水处理流程的内部结构

煤泥水处理流程的内部结构，指由不同处理方法、不同设备组成的选煤加工流程。除作业区 I 的分选作业以外均可包含在这部分内容之内。

2.4.3.1 粗煤泥的流程结构

在作业区 I 中，除原煤的精选作业外，就是产品的脱水和粗煤泥回收等作业，构成了粗煤泥回收的流程结构，即煤泥水处理流程的前半段。其任务是：（1）对产物进行脱水；（2）回收质量合格的精煤，使之不能进入煤泥水中；（3）排除质量不合格的细煤泥进入煤泥水，以便后续作业处埋。

A　脱水筛-斗子捞坑粗煤泥回收流程

脱水筛筛孔常为 13mm，捞坑回收的粗煤泥经脱泥筛和离心脱水机两次脱水，成为最终产品。捞坑的溢流去细煤泥回收系统。其流程见图 2-14。

流程特点：（1）管理方便，使用可靠，经验丰富，应用较广；（2）能很好地保证浮选的入料上限，但局部有循环量。

适用范围：（1）适用于主选设备分选下限较低时，若分选下限高，将污染精煤质量；（2）不适于细粒煤泥含量大的情况。主要是由于脱泥筛的脱泥效率较低的缘故。

B　双层脱水筛-角锥池粗煤泥回收流程

双层筛的上层孔径为 13mm 或 25mm，下层孔径为 3mm、1mm、0.5mm。角锥池作为粗煤泥回收设备。其流程见图 2-15。

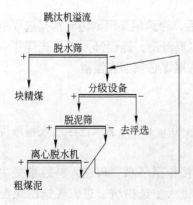

图 2-14　脱水筛-斗子捞坑粗煤泥回收流程

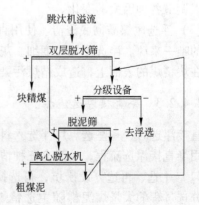

图 2-15　双层脱水筛-角锥池粗煤泥回收流程

流程特点：（1）进入角锥的物料量较少，对分级有利；（2）高灰细泥对精煤的污染较小，主要是因为进入下层筛的水量大，易将筛网上物料表面的细泥冲走，从而提高了脱泥效率；（3）能很好地保证浮选入料上限，但局部仍有循环量。

适用范围：该流程适用于细泥含量大，且灰分较高的情况。

C 斗子捞坑-双层脱水筛粗煤泥回收流程

双层脱水筛的孔径同上。其流程见图2-16。

流程特点：（1）主选设备的轻产物全部进入捞坑，流程简单，设备少；（2）捞坑入料量大，分级精度低，对精煤有一定污染，当主选设备分选下限高时，污染更严重；（3）由于捞坑捞起物进入双层脱水筛，导致双层筛的脱泥效率低，污染精煤。

适用范围：适用于轻产物含量少、煤泥含量低且灰分不高的情况。如很多选煤厂的矸石再洗工艺，正是该流程的典型代表。

图 2-16 斗子捞坑-双层脱水筛
粗煤泥回收流程

D 脱水筛-电磁振动旋流筛粗煤泥回收流程

流程与脱水筛-斗子捞坑粗煤泥回收流程相似，只是把斗子捞坑换成了电磁振动旋流筛。其流程见图2-17。

流程特点：（1）旋流筛占地面积小，处理量大，分级准确；（2）旋流筛分级的同时，还有脱水降灰作用。

适用范围：适用于处理量不大的中、小型选煤厂。

E 离心筛分器-高频筛粗煤泥回收流程

该流程用煤泥离心筛分器作为水力分级设备，用高频筛作为脱水设备。其流程见图2-18。

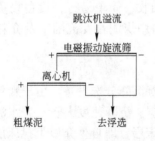

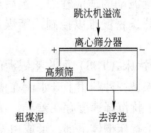

图 2-17 脱水筛-电磁振动旋流筛粗煤泥回收流程   图 2-18 离心筛分器-高频筛粗煤泥回收流程

流程特点：（1）流程简单，设备少；（2）本身体积小，处理量大，分级准确；（3）能减少高灰细泥对精煤的污染；（4）能有效地防止粗颗粒物料进入下一道工序。

适用范围：适用于处理量不大的中、小型选煤厂。

F 脱水筛-捞坑-旋流器粗煤泥回收流程

该流程与脱水筛-斗子捞坑粗煤泥回收流程相似，增加了粗煤泥回收旋流器。其流程见图2-19。

流程特点：（1）系统中循环煤泥量极少，能防止细泥积聚；（2）能有效地防止粗颗

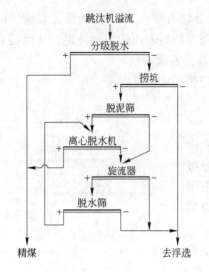

图 2-19 脱水筛-捞坑-旋流器粗煤泥回收流程

粒物料进入下一道工序。

适用范围：可用于离心机筛缝较宽、浮选入料上限要求较严的选煤厂。

具体采用哪种粗煤泥回收流程，取决于煤泥性质、精煤质量要求和精煤数量等条件。在选煤厂的实际工作中应具体问题具体分析。

G 其他粗煤泥回收工艺流程

随着选煤技术的不断提高，粗煤泥回收的方法也越加多样，工艺也越加完善。出现了利用煤泥重介质旋流器、干扰床（TBS）、水介质旋流器、螺旋分选机等回收粗煤泥的工艺流程。

a 煤泥重介质旋流器回收粗煤泥的工艺流程

近几年，大型无压给料三产品重介质旋流器选煤工艺得到迅猛发展，煤泥重介工艺作为其延伸配套工艺也已应用于生产实践。煤泥重介分选是主选工艺采用不脱泥无压三产品重介分选工艺的配套工艺。由于大直径重介旋流器本身的分级、浓缩作用，使绝大部分小于 0.5mm 煤泥与磁性介质中最细的部分一起随轻产物从溢流口排出，这部分物料就是精煤脱介筛下低密度悬浮液（即合格介质）。它是一种煤介混合物料，其中非磁性物就是小于 0.5mm 的煤泥，正是需要进一步分选的对象。这种在不脱泥重介分选过程中自然形成的重介悬浮液，恰好是煤泥重介旋流器的最佳入料，直接用泵送入煤泥重介旋流器分选，其有效分选下限可达 0.045mm，分选的可能偏差 $E_p = 0.041 \sim 0.078$。

工艺特点：采用煤泥重介旋流器工艺处理粗煤泥，分选精度高，分选密度宽，对入选原煤质量波动的适应性强。选后产品用煤泥离心机回收，简单易行，设备投资低。但也存在着分选密度难以控制、精煤灰分容易波动、入料中煤泥粒度范围窄及介耗较高等缺点。

b 干扰床（TBS）回收粗煤泥的工艺流程

干扰床是一种利用上升水流在槽体内产生紊流的干扰沉降分选设备。由于颗粒的密度不同，其干扰沉降速度存在差异，从而为分选提供了依据。沉降速度大于上升水流速度的颗粒进入干扰床槽体下部，形成由悬浮颗粒组成的流化床层，即自生介质干扰床层。入料中那些密度低于干扰床层平均密度的颗粒将浮起，进入溢流。而那些密度大于干扰床层平均密度的颗粒便穿透床层，进入底流通过底部排料门排出。

工艺特点：干扰床分选机是基于颗粒在液固两相流中的干扰沉降进行分层和分离，分选效率和分选精度较高，干扰床能有效分选 4～0.1mm 的细粒煤，但要求入料粒度上、下限之比以 4:1 为宜，最佳分选粒度是 1～0.25mm 的粗煤泥。干扰床设备本身无运动部件，用水量少（10～20m³/（m²·h）工作面积），能实现低密度（1.4kg/L）分选，其可能偏差 E_P 值可达 0.12。其缺点是要求入料的粒度范围较窄，处理量较低。

c 水介质旋流器回收粗煤泥的工艺流程

水介质旋流器是用水作介质，利用离心力按密度进行分选的设备。其结构与一般旋流器基本相同,不同点是它的锥体角度大一些。在分选过程中,锥体部分有一个悬浮旋转床层,可起到类似重介质的作用。

工艺特点:水介质旋流器分选细粒煤,对煤质的适应性强。具有结构简单、无运转部件、操作方便及生产成本低、使用寿命长等优点,但存在分选精度低、分选密度低、精煤产率偏低的缺点。

国内外资料表明,其可能偏差 E_P 值为 $0.09 \sim 0.21$。近年来国内有关单位对水介质旋流器的结构做了较大的改进,分选精度有了一定改善,据了解不完善度 I 值可达 0.18,其有效分选下限为 $0.25mm$,主要用在粗煤泥分选。

d 螺旋分选机回收粗煤泥的工艺流程

液流在螺旋槽面上运动的过程中,产生了离心力,并在螺旋槽横断面上形成螺旋断面环流。矿粒在螺旋槽中的分选过程大致分为 3 个阶段:第一阶段是颗粒群按密度分层;第二阶段是轻、重矿粒因离心力大小不同,沿螺旋槽横向展开(分带),这一阶段持续时间最长,需反复循环几次才能完成,这是螺旋分选机之所以设计成若干圈的根本原因;第三阶段运动达到平衡,不同密度的矿粒沿各自回转半径,横向从外缘至内缘均匀排列,设在排料端部的截取器将矿带分割成精、中、尾 3 种产品,从而完成分选过程。

工艺特点:螺旋分选机具有基建、生产费用低,无动力、无运动部件、无噪声、结构简单、便于操作、占地面积小以及见效快等优点。但其分选精度不高,不完善度 I 值仅为 $0.20 \sim 0.25$,分选密度难以控制在 1.7(或 1.65) kg/L 以下,因而不宜用在低密度条件下分选低灰精煤产品。螺旋分选机有效分选粒度为 $6 \sim 0.075mm$,但在实际生产中使用最多的分选粒度范围为 $2 \sim 0.15mm$。比较适合用于细粒动力煤和粗煤泥排除高灰泥质与硫化铁。

2.4.3.2 细煤泥回收的流程结构

作业区 Ⅱ、Ⅲ、Ⅳ 合起来可以称为煤泥水流程中的细煤泥回收部分。其任务是尽量回收低灰煤泥,并得到清净的循环水返回再用。目前,细煤泥的回收方法主要采用浮选。浮选精煤的脱水主要使用真空过滤机,也可采用新型的加压过滤机等。

A 煤泥浮选流程内部结构

相对于金属矿来说,煤泥的浮选流程相对简单得多,可根据煤泥性质、对精煤质量要求和规模等因素选择合适的流程内部结构。常用的煤泥浮选流程内部结构如下:

(1)如图 2-20 所示,一次浮选(粗选)适用于易选或中等易浮煤泥,或精煤质量要求不高时。特点是流程简单,水、电耗量小,便于操作管理,处理量大。

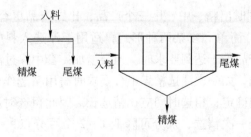

图 2-20 一次浮选流程

（2）如图 2-21 所示，中煤再选过程中煤可返回再选或单独再选，适用于较难浮煤泥，可保证精、尾煤质量。返回再选可将粗选的后 1～2 室泡沫返回前几室浮选，以提高精煤回收率或降低其灰分；单独再选对降灰、提高精煤产率有利，但增加了设备，加大了管理难度。

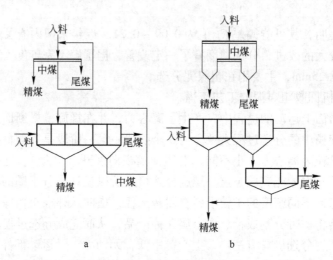

图 2-21 中煤再选流程

a—中煤返回再选；b—中煤单独再选

（3）如图 2-22 所示，精煤再选适用于高灰细泥含量大的难浮煤或对精煤质量要求高时。由于增设了浮选机，流程、操作、管理较复杂，水、电消耗也较高。可采用大型浮选机解决。

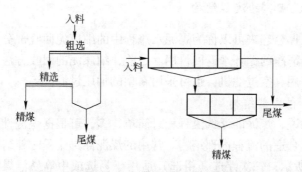

图 2-22 精煤再选流程

（4）三产品流程即同时出精、中、尾三个产品，比二产品更容易保证精、尾煤质量，如图 2-23 所示。该流程分简单和复杂两种形式，适用于浮选入料中煤含量较大，精、尾煤指标又要求较高，二产品难于达到要求时。但要增加一套中煤过滤设备。

我国多采用一次浮选，如一次浮选精煤不合要求时需用精选作业。粗选、精选所需室数可根据所需的浮选时间确定，粗选时间应比精选长。因此粗选时可采用较高浓度，精选时采用较低浓度。一般经一次精选，灰分可降低 1～2 个百分点，但处理量要降低。具体流程应根据实验室和工业性试验确定。

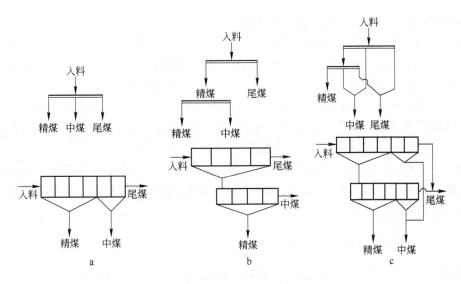

图 2-23　三产品浮选流程

B　尾煤处理方式

尾煤处理方式,通常有两种:厂外沉淀池和经浓缩设备浓缩后用机械回收。

a　厂外沉淀池

20 世纪 80 年代以前的选煤厂,浮选尾煤多数排至厂外沉淀池进行自然澄清。为了得到清净的循环水返回再用,常需要大面积的沉淀池。即使如此,溢流水浓度常常仍较高,不能完全返回再用,有一部分排出厂外进行二次沉淀,结果,侵占农田,造成污染。为了达到现代化选煤厂的目标,要求实现煤泥厂内回收,洗水闭路循环,这种方式已逐渐被淘汰。

b　尾煤厂内机械回收

浮选尾煤浓度一般为 1%～4%,需先经浓缩设备处理后再进行回收。为了提高浓缩、澄清效果,常在浓缩设备中添加絮凝剂。浓缩物水分可降至 50% 左右,再进一步经机械脱水,其水分将降到 30% 左右。

浮选尾煤脱水机械有压滤机、真空过滤机等多种设备。其中以压滤机工作效果最佳,滤饼水分较低,滤液基本是清水。因此,很多选煤厂将压滤机作为煤泥厂内回收、洗水闭路循环的把关设备。真空过滤机的效果较差,由于尾煤灰分高、粒度细、滤饼薄,所得滤饼水分较高。

同类设备还有带式压滤机、折带真空过滤机等,均可用于浮选尾煤脱水,但效果均不如压滤机。处理浮选尾煤时,折带过滤机的效果比圆盘真空过滤机好。其缺点是占地面积大,处理量太低。

2.4.4　洗水闭路循环

为了减少环境污染、资源浪费,选煤厂的设计、生产过程中必须做到洗水闭路循环、煤泥厂内回收。

2.4.4.1　选煤厂洗水闭路循环的三级标准

选煤厂洗水闭路循环的三级标准是为了防止环境污染、节约用水、增加经济效益和社会效益而制订的。其中，一级标准的要求最高。

（1）一级标准。一级标准要求煤泥厂内回收、洗水全部复用。在检修、事故排放水时，应放入事故水池。检修和事故处理以后，返回厂内复用。为了实现全部洗水复用，处理每吨原煤的清水耗量应控制在 $0.2m^3$ 以下。不设置煤泥沉淀池。

（2）二级标准。二级标准要求达到洗水平衡，洗水全部复用，煤泥在厂内回收，包括用机械化沉淀池回收。检修、事故放水可放入煤泥沉淀池。但沉淀池中的水经处理后仍应返回到厂内复用。处理每吨原煤的清水耗量可控制在 $0.3m^3$ 以下。

（3）三级标准。三级标准只要求大部分洗水回收复用，不污染环境即可，煤泥可用沉淀池、尾矿坝处理。但排放的水应达到国家环保标准或地区环保标准。清水耗量则可控制在 $0.5m^3/t$ 原煤以下。

2.4.4.2 实现洗水闭路循环的措施

选煤厂的煤泥水系统是问题最多、最难解决的环节。不少选煤厂生产不正常，其问题都出在煤泥水处理环节上。其原因有两点：一是管理不善；二是设备不配套。

（1）提高管理水平，建立洗水管理规章制度，加强洗水管理，减少清水用量，使水量平衡。

1）专人管理，清水计量。为了加强洗水管理，选煤厂应派专人管理洗水，并应对清水进行计量，做到用水心中有数。及时掌握洗水变化规律，作出适当调整，适应原煤可选性变化、原煤中含泥量变化等的要求。

2）减少各作业用水量。尽量减少各作业用水量，包括循环水和清水的用量，以便降低系统中各设备按矿浆体积计算的单位负荷，减少各作业的流动水量，方便洗水的管理。

3）补充清水的地点应慎重考虑。清水应补加在最需要的地方，如脱泥筛和脱水筛上。尤其是脱泥筛，在回收的粗煤泥中，通常均带有相当数量的高灰细泥。为了保证精煤灰分，降低高灰细泥对精煤的污染，应加部分清水对其进行喷洗。只有在产品带走水量多、清水有余量时，才可用到其他作业。严格禁止用清水冲刷地板。

4）加强洗水管理。各处滴水、冲刷地板的废水或检修、事故放水均应管理好，集中设立杂水池作缓冲。经充分澄清处理后，其底流和溢流分别送到有关作业进行处理。

5）据循环水的水质决定用途。通常，再选含泥量较少，因此可以使用浓度较高的循环水，而将浓度低的循环水留给主选，可提高主选的分选效果。分级入选时，块煤可应用高浓度的循环水，末煤则应用低浓度的循环水。

6）各作业之间的配合。各作业之间应互相衔接配合，要有全局观点。

（2）设备能力满足需要。选煤厂的浓缩、澄清和煤泥回收，包括脱泥筛、过滤、压滤等设备的处理能力，应满足现有生产的需要。

很多选煤厂洗水不能闭路，煤泥未能实现厂内回收，其原因在于某些设备处理能力不足。例如，如果过滤设备处理能力不足，大量煤泥在浮选、过滤作业中进行循环，使浮选机的实际处理能力降低。对于使用浓缩浮选的选煤厂，其结果导致浓缩机溢流水浓度急剧增高。浓缩机的溢流水是水洗作业最主要的水源，由于浓度过高，严重恶化了分选效果。为了保证生产过程正常进行，补救的办法是大量补加清水，造成向厂外排放煤泥，污染环境，并使洗水不能达到平衡。

　　因此，首先，在设计上对这些环节应予以高度重视，充分考虑原煤性质，如原生煤泥量、次生煤泥量和煤泥的粒度等，保证这些环节有足够的处理能力，又不造成浪费，使各环节能够正常工作，为后续作业提供有利的生产条件。

　　其次，在上述设备能力不足的情况下，应努力提高操作管理水平，并在条件允许的情况下，对设备能力进行配套。

　　最后，为实现洗水闭路、煤泥厂内回收，应解决煤泥销路的问题。除外销外，可以考虑在厂内或矿内进行综合利用。消除煤泥堆积，促使煤泥采用机械回收，保证回收浮选尾煤中的洗水全部返回复用。

3 ‖ 凝聚与絮凝

矿浆中微细颗粒呈悬浮状态，每个颗粒可以自由运动，称为"分散状态"；如果颗粒相互黏附团聚，则称为"聚集状态"。

根据斯托克斯（Stokes）公式，颗粒的沉降速度和其直径的平方成正比。如直径 $10\mu m$ 的颗粒，其沉降速度是 $1\mu m$ 的 100 倍，直径 $100\mu m$ 的颗粒，沉降速度是 $1\mu m$ 的 10000 倍。

随直径减小，其重力作用也减小，布朗运动加剧，促使颗粒保持长时间的悬浮状态。在选煤厂的煤泥水体系中，多数粒度偏细，完全依靠重力作用进行沉降，通常比较困难。解决这类煤泥水的澄清问题，需使微细颗粒预先凝聚和絮凝，使之形成絮团，增大粒度，加速它们的沉降速度，再配合一定的机械作用，达到脱水、澄清的目的。

3.1 凝聚与絮凝原理

根据聚集状态作用机理不同，可分为三种：

（1）凝聚（或称凝结，Conglomeration）。细粒物料在无机电解质作用下，失去稳定性，形成凝块的现象，称为凝聚。主要机理是外加电解质消除其表面电荷、压缩双电层的结果。

（2）絮凝（Flocculation）。细粒物料通过高分子絮凝剂的作用，构成松散、多孔、具有三维空间结构的絮状体，称高分子絮凝，简称絮凝。形成物称絮团，絮团中通常具有空隙，称为非致密体。

（3）团聚（Agglomeration）。细粒物料在捕收剂作用下，在其表面形成疏水膜，颗粒之间由于疏水膜互相黏附、缔合成团称团聚。

前两种方法主要用于洗水澄清过程；第三种方法主要用于分选过程。凝聚和絮凝的模式见图 3-1。

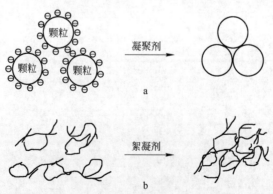

图 3-1 凝聚和絮凝的模式

a—凝聚；b—絮凝

3.1.1 颗粒处于分散状态的原因

颗粒在液体中保持分散而不凝聚沉淀，主要有以下三个原因：

（1）颗粒具有双电层结构，不同颗粒表面带有相同符号的电荷，互相之间有一定的排斥力，使颗粒处于分散状态。

（2）颗粒表面具有未得到补偿的键能，水偶极子可以在表面进行定向排列，颗粒表面形成一定厚度的水化膜，阻止颗粒互相接触。

（3）颗粒较细时，所受重力作用极小，而布朗运动的作用相当强烈，促使颗粒处于分散状态。当然，布朗运动有时也促使颗粒碰撞，进行凝聚。

为了破坏颗粒的悬浮分散状态，使之产生凝聚或絮凝，首先必须破坏分散系统的稳定性。即采取一定措施增大颗粒尺寸，如减少甚至消除颗粒表面电性；减少或消除颗粒之间的排斥力；或破坏颗粒表面的水化膜，使之互相接近，达到凝聚和絮凝的目的。

3.1.2 凝聚理论

3.1.2.1 D.L.V.O理论

早在1941年和1948年，德贾吉恩、兰德、弗维和奥弗比克等四人首次提出了胶体稳定性理论，简称D.L.V.O理论。该理论建立的基础是胶体微粒之间具有范德华引力和静电斥力。认为颗粒的凝聚和分散特性，是受颗粒间双层静电能及分子作用能的支配，其总作用能为二者的代数和。

颗粒之间分子作用能指分子之间的范德华力与其间距的六次方成反比。间距增大时，分子之间引力显著减小。当颗粒的直径很小时，微粒间的引力是多个分子综合作用的结果，它们与间距的关系不同于单分子，该力与间距的三次方、二次方及一次方成反比。间距越小，方次也越低。因此，多分子范德华力的作用范围较单分子更大。

颗粒间的静电能主要是由于颗粒接近一定距离时，带有同号电荷的微粒产生斥力引起的。由于固体颗粒表面常带有剩余电荷，在固液界面上

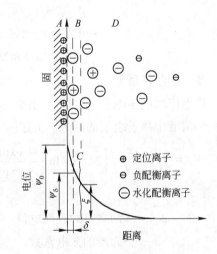

图3-2　颗粒表面双电层示意图
A—内层；B—紧密层；C—滑动层；D—扩散层；
ψ_0—表面总电位；ψ_δ—Sterh层

存有一定的电位差，因而在颗粒周围形成了双电层结构，如图3-2所示。在自然pH值下，多数颗粒处于电中性状态。单个颗粒，在一定距离以外，没有电场作用。当两个颗粒相互靠近时，根据库仑定律，其间产生斥力。特别是当两个颗粒双电层产生重叠时，重叠之处的反号离子同时处于两个颗粒作用范围之内，使原有的平衡状态受到破坏，重叠区的反号离子将重新平衡分配。重叠区的离子浓度高于其他部位，结果引起离子向非重叠区渗透。扩散区的重叠同样破坏原有的电平衡，出现附加的静电不平衡力。渗透力和静电力综合作

用，使两个颗粒不能继续靠近，产生排斥现象，见图3-3。

3.1.2.2 颗粒受力分析

上述两个力都与颗粒之间距离有关，按照 D. L. V. O 理论，颗粒之间的引力和斥力是平衡的。当两个颗粒接近时，在任何距离，都同时存在斥力和引力，综合能量大小，取决于两种力的强弱。

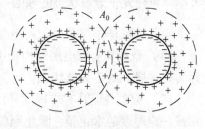

图 3-3 双电层扩散层的重叠

A 分子作用能

分子作用能是由构成颗粒分子间的瞬时偶极矩引起的，通常总是相互吸引的力。对于两个半径为 r_1 和 r_2 的球形颗粒，相距为 H_0 时，其分子作用能可用下式表示：

$$V_a = -\frac{Ar_1r_2}{6(r_1 + r_2)H_0} \tag{3-1}$$

式中　V_a——分子作用能；

　　　A——哈马克（Hamaker）常数（表示分子间凝结力的大小，A 越大，表示物质分子间的吸引力越大）。

当物料 1 和物料 2 浸在液体 3 中时，哈马克常数可写为 $A_{12/3}$，并可由下式计算：

$$A_{12/3} = (\sqrt{A_{11}} - \sqrt{A_{33}})(\sqrt{A_{22}} - \sqrt{A_{33}}) \tag{3-2}$$

式中　A_{11}，A_{22}，A_{33}——分别表示物料 1 颗粒之间、物料 2 颗粒之间及液体 3 本身在真空中的哈马克常数。

B 静电作用能

静电作用能是颗粒双电层之间同号离子所产生的静电排斥力。该力是颗粒表面电位或电荷和溶液中离子组成的函数。上述两个颗粒的静电作用能 V_e 为：

$$V_e = \frac{r_1r_2\varepsilon}{4(r_1 + r_2)}\left\{2\psi_1 \cdot \psi\ln\frac{1 + \exp(-KH_0)}{1 - \exp(-KH_0)} + (\psi_1^2 + \psi_2^2)\ln[1 - \exp(-2KH_0)]\right\} \tag{3-3}$$

式中　ψ_1，ψ_2——两颗粒的表面电位；

　　　ε——介质的介电常数；

　　　K——德拜（Debye）参数（表示双电层的扩散程度，其倒数为双电层的厚度 δ）。

$$K = \frac{1}{\delta} = \left(\frac{8\pi ne^2z^2}{\varepsilon kT}\right)^{\frac{1}{2}} \tag{3-4}$$

式中　n——配衡离子的浓度，离子个数/cm^3；

　　　e——电子电荷；

　　　z——离子价数；

　　　k——玻耳兹曼常数；

　　　T——绝对温度。

由式（3-3）可知，颗粒之间静电能就是颗粒间距离 H_0 的指数函数，电解质浓度对其有一定的影响。

当两个颗粒间的表面电位 ψ_1 和 ψ_2 同号时，静电作用能为正值，颗粒互相排斥；反之，两个颗粒表面电位异号，静电作用能为负值，颗粒之间互相吸引。

介质中颗粒所处状态，是由静电作用能和分子作用能之总和决定的。

$$V = V_a + V_e \tag{3-5}$$

当两个颗粒间斥力占优势时，颗粒处于分散状态；反之，引力占优势，则颗粒处于凝聚状态。它们之间的关系如图 3-4 所示。由图可知，颗粒距离较远时，其排斥力很小，几乎等于零，但仍有一定吸引力。随距离缩小，排斥力、吸引力均随之增大，但其合力具有不同形式。

对函数 V 求导，$dV/dH_0 = 0$ 时，得 V 的极大值和极小值，在 H_0 较大时，有一缓平的极小值，称为第二能谷，此时可能形成准稳态的凝聚体。即形成的凝聚体系存在可逆性倾向，经过搅动，体系容易再次分散。随颗粒间距减小，总能量 V 逐步增大，直到达到形成凝聚体。颗粒间距继续减小，又出现极小值，称第一能谷，此时颗粒可获得稳定的凝结状态。如要进行分散，需要相当大的能量。当 V_m 较小时，颗粒可借助分子热运动所赋予的动能克服势垒，形成稳定的凝聚体。克服势垒形成稳定的凝聚体后，随颗粒之间距离

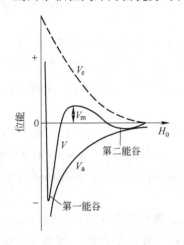

图 3-4　颗粒间总作用能 V、静电作用
能 V_e、分子作用能 V_a 与颗
粒之间距离 H_0 的关系

减小，总能量又有可能会骤然上升。

势垒及所对应的颗粒之间距离的大小受电解质浓度、双电层反号离子和电价等因素影响。反号离子浓度越高、电价越大时，德拜参数 K 也越大，双电层被压缩。颗粒的表面电位低。静电斥力降低，甚至不产生势垒，因而可使颗粒达到近距离互相接近，并使颗粒分散状态的稳定性发生变化，一直到形成凝聚为止。

C　同向凝聚和异向凝聚

由组分 1 和组分 2 组成的悬浮体，在介质中的表面电位有如下四种情况：

（1）$\psi_1 = \psi_2$；

（2）$\psi_1 \neq \psi_2$，符号相同；

（3）$\psi_1 \neq \psi_2$，符号相反；

（4）$\psi_1 = 0$，$\psi_2 \neq 0$。

上述四种情况，颗粒之间双电层相互作用的静电作用能与颗粒距离的关系见图 3-5。

当 $\psi_1 = \psi_2$ 时，颗粒表面电位的符号及大

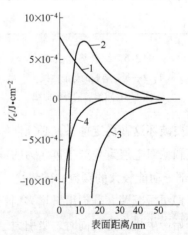

图 3-5　颗粒间双电层相互作用静电能与颗粒
间距离的关系

$K = 1 \times 10^8$（1-1 型电解质 1mol/m³）

1—$\psi_1 = \psi_2 = 10\text{mV}$；2—$\psi_1 = 10\text{mV}$，$\psi_2 = 30\text{mV}$；

3—$\psi_1 = -10\text{mV}$，$\psi_2 = 30\text{mV}$；4—$\psi_1 = 0$，$\psi_2 = 10\text{mV}$

小均相同，此时所产生的凝聚称为同相凝聚。其静电作用能 V_e 恒为正值，且随颗粒间距离减小而不断增大。

表面电位不同（包括符号和数值）的异类颗粒之间的凝聚称为异相凝聚。在 ψ_1 与 ψ_2 异号或两者之一为零时的异相凝聚，V_e 均为负值，相互之间的静电作用能始终表现为引力，如曲线 3 和曲线 4 所示。如果 ψ_1 和 ψ_2 符号相同，但数值不同，相互作用力在距离较大时表现为斥力，颗粒接近并达到一定距离时，变为引力，且有一极大值，其值取决于 ψ 值较低者。由斥力转变为引力的点即 V_e 为最大值时的点。

异类颗粒间的分子作用能由哈马克常数 $A_{12/3}$ 决定，当 A_{33} 介于 A_{11} 和 A_{22} 之间时，$A_{12/3}$ 为负值，分子作用能为正值，颗粒间分子的作用力为排斥力。意味着异类颗粒间的分子引力小于颗粒与介质之间的分子引力。介质对颗粒的互相接近产生排斥作用。但在多数情况下，分子作用力表现为引力。

综上所述，颗粒的互凝与分散主要取决于颗粒的表面电位 ψ_1 和 ψ_2。当 $\psi_1 \times \psi_2 < 0$ 时，静电作用为引力，互凝易于发生，$\psi_1 \times \psi_2$ 的绝对值越大，互凝越激烈；当 $\psi_1 \times \psi_2 \geqslant 0$ 时，其中一个值很小，静电排斥力也很小，互凝有可能发生；如 $\psi_1 \times \psi_2 \gg 0$，颗粒将处于分散状态。颗粒在介质中的哈马克常数，对互凝有一定影响。

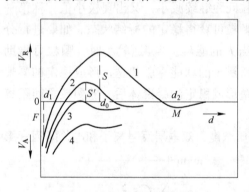

图 3-6　综合势能曲线

1，2—稳定溶胶的势能曲线；

3，4—不稳定溶胶的势能曲线

综合势能曲线如图 3-6 所示。通常吸引势能曲线不受双电层变化的影响，而排斥势能曲线，随双层扩散层厚度和电位值的大小变化。图中曲线 1 和曲线 2 表示稳定分散状态的势能曲线。曲线 3 和曲线 4 为不稳定分散状态势能曲线。对于稳定分散状态，其势垒可高达数千 KT，颗粒本身平均动能仅 3/2KT。因此，依靠颗粒本身布朗运动是无法越过势垒而实现凝聚的，势垒恒为正值。势垒 s 的大小可用以判断体系的稳定性强度。例如，当 $s > 25$KT 时，可认为是相当稳定的体系。

如要破坏这种稳定体系，必须向体系中添加电解质，使颗粒表面电位降低，压缩扩散层，使颗粒双电层重叠产生排斥力的颗粒之间距离变小，故排斥也变小，如图 3-6 中的曲线 2。部分动能较大的颗粒冲破势垒，产生凝聚。但由于排斥势阻的存在，该种凝聚是慢速的，即缓慢凝聚。药剂用量增多时，扩散层继续被压缩，产生排斥力的颗粒间距更小，甚至开始产生排斥力的同时，吸引力已超过排斥力，此时可形成快速凝聚。

3.1.3　絮凝原理

絮凝作用是在悬浮液中添加高分子化合物，使颗粒互相凝集，也称为絮团作用。因此，高分子絮凝与凝聚作用是不相同的。用于絮凝的高分子化合物称为絮凝剂。絮凝剂的分子结构通常很长。例如，常用的聚丙烯酰胺，每个结构单元长度为 0.25nm。如果聚合度为14000，则每个分子长度达$3.5\mu m$。这种线性高分子可以同时黏结几个颗粒，引起颗粒聚集，并以自己的活性基团和矿粒起作用。这种黏结作用类似架桥，因此，称为桥键作用或桥联作用。其示意图见图3-7。

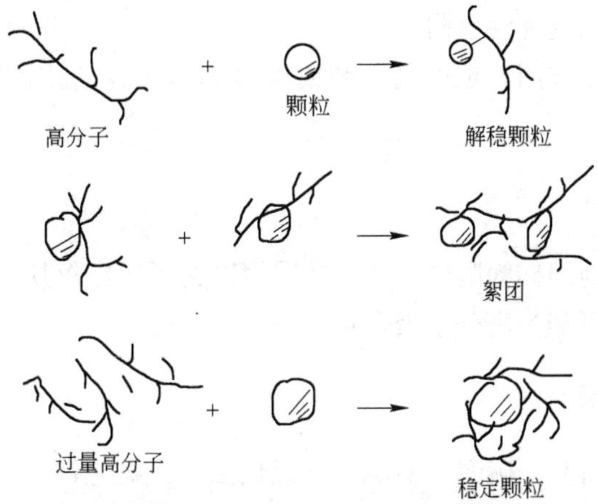

图3-7　桥键作用示意图

用高分子聚合物进行桥键时，无论悬浮液中颗粒表面荷电状况如何，势叠多大，只要添加的絮凝剂分子具有可在颗粒表面吸附的官能团，或吸附活性，便可实现絮凝。絮凝剂分子可以与多个颗粒接触，形成絮团，使原来的悬浮体系解稳。过量的絮凝剂将颗粒包裹住，不利于与其他颗粒作用，使絮凝作用削弱，形成分散状态。试验表明，只要颗粒表面部分被絮凝剂覆盖，即所谓半饱和时，絮凝效果最佳。因此，应用絮凝剂一定要适量，避免过量起相反作用。实际中，出现强絮凝现象的絮凝剂用量往往很小，大量添加将导致颗粒分散。Lamar提出，絮凝剂在颗粒表面吸附量达50%单分子覆盖时，效果最好。

此外，在溶液中絮凝剂分子多数呈扭曲状态，分子量越大，卷伏现象越严重。因此，絮凝剂用量与分子量有密切关系，最佳剂量随分子量增大而增加。经恰当处理，使卷伏的分子适当舒展拉直，有利于桥键作用，提高絮凝效果。使用过量卷伏絮凝剂，容易导致颗粒分散。

絮凝剂在颗粒表面的吸附，主要有静电键合、氢键键合、共价键合三种类型的键合作用。

（1）静电键合。静电键合主要由双电层的静电作用引起。例如，颗粒表面荷正电，阴离子型高分子絮凝剂可进入双电层取代原有的配衡离子。离子型絮凝剂一般密度较高，带有大量荷电基团，即使用量很低，也能中和颗粒表面电荷，降低其电动电位，甚至变号。

（2）氢键键合。当絮凝剂分子中有—NH_2和—OH基团时，可与颗粒表面负性较强的氧进行作用，形成氢键。虽然氢键键能较弱，但由于絮凝剂聚合度很大，氢键合的总数也大，所以该项能量不可忽视。

单纯氢键键合的选择性较差，因此，靠键吸附的聚合物，只能用于全絮凝，不宜用于选择性絮凝。

（3）共价键合。高分子絮凝剂的活性基团在矿物表面的活性区吸附，并与表面离子产生共价键合作用。此种键合，常可在颗粒表面生成难溶的表面化合物或稳定的络合物、螯合物，并能导致絮凝剂的选择性吸附。

三种键合可以同时起作用，也可仅一种或两种起作用，具体视颗粒-聚合体系的特点和水溶液的性质而定。

3.2　凝聚剂和絮凝剂

以凝聚作用为主的药剂称为凝聚剂。多数凝聚剂为无机电解质。以架桥作用为主的药剂称为絮凝剂。多数絮凝剂为高分子聚合物。

3.2.1　无机电解质类凝聚剂

属于该类的药剂有石灰、硫酸、明矾、三氯化铝、三氯化铁、苛性钠及碱式氯化铝等多种，后者为无机高分子化合物。饮用水多经明矾处理。其他凝聚剂可用于澄清选煤厂的循环水。凝聚剂也可和絮凝剂配合使用。用无机电解质进行凝聚时，起作用的多数为阳离子，如 Ca^{2+}、Al^{3+}、Fe^{3+}、H^+ 等。通常用量较大，效果较差。但价格低，来源广，有些是工业废料。因此，在某些场合下仍有应用。

混合使用的无机电解质类凝聚剂，可提高使用效果。其中，碱式氯化铝与絮凝剂配合使用，效果最为明显。

碱式氯化铝（$Al_2(OH)_nCl_{6-n}$）制备容易。可由金属铝直接溶解，并结晶成 $Al(OH)_3$ 为原料的凝胶法；三氯化铝为原料的中和法；硫酸铝为原料的沉淀法等方法制备。还可由黏土矿、铝土矿及煤矸石燃烧的炉渣制备。

碱式氯化铝具有较强的电荷中和能力，对于在悬浮液中，表面带同种电荷而难于沉降的颗粒，效果非常明显，得到了较广泛的使用。

3.2.2　高分子化合物类絮凝剂

高分子化合物类絮凝剂，按原料来源可分为天然高分子化合物和合成高分子化合物两类。亦可按分子结构及离子类型等进行分类。按分子结构可分为聚合型、缩合型和混合型。按离子类型则可分为阴离子型、阳离子型、非离子型、阴阳两性型和混合型等5类。

3.2.2.1　天然高分子絮凝剂

天然高分子絮凝剂有淀粉类、纤维类的衍生物、腐殖酸钠、藻类及其盐类和蛋白质等。

　　A　淀粉加工产品及其衍生物

淀粉主要来源于小麦、土豆、大米、玉米及高粱等，是一种高分子化合物，并是一种混合物，不是一个单纯的分子。由可溶性的直链淀粉及不溶性的支链淀粉组成，分子式为

（$C_6H_{10}O_5$）$_n$，亲水基主要是羟基—OH。通常，可溶性淀粉占 25% 左右，其余为非可溶性部分。如土豆中含有 20%～30% 可溶性直链淀粉。两种组分的结构式分别为：

直链淀粉

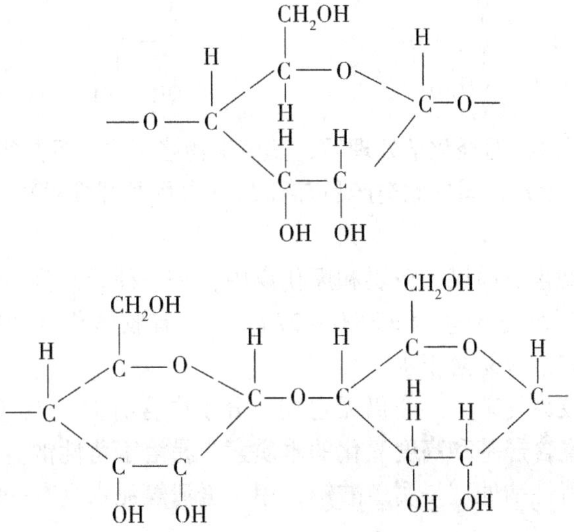

支链淀粉

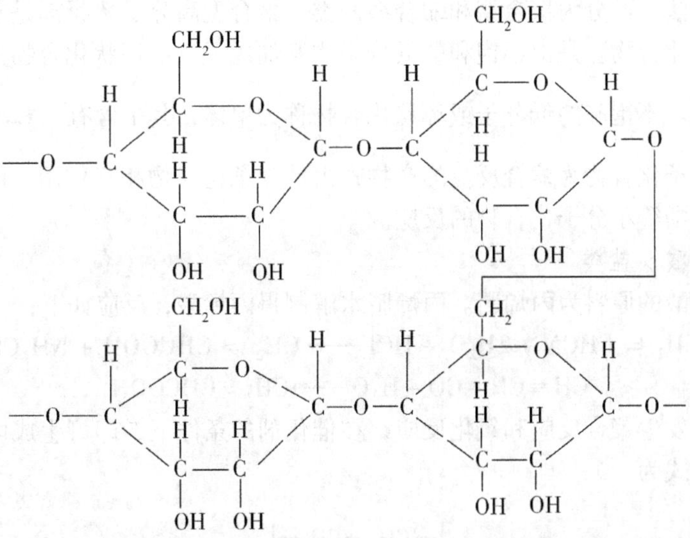

多数淀粉虽不溶于水，但经热处理或碱处理后，可变为糊状的水溶性物质，具有很好的凝聚性能好。淀粉的分子量可达（6～10）万，其分子长度可达 200nm 范围内。

天然淀粉是一种多元醇，经化学处理的"加工淀粉"或"改性淀粉"，在结构单元的各个位置上加上不同的基团，成为阳离子淀粉或阴离子淀粉。

B　纤维素的衍生物

自然界纤维素分布最广，是构成植物细胞壁的基础物质，其通式和淀粉相同，但淀粉的结构单元是 α-葡萄糖，而纤维素的结构单元是 β-葡萄糖，且是一种直链的聚合体。其分子结构如下：

纤维素本身不溶于水，但经化学处理后，其衍生物溶于水，且是很有效的絮凝剂。纤维素的分子量从几十到几十万，国外此类产品有 CMC（羟甲基纤维素）、HEC、KMц 等多种。

C　腐殖酸钠

腐殖酸类化合物富含于褐煤、泥煤和风化煤中，是一种天然高分子聚合电解质，其最高含量 70% ~ 80%。平均分子量为 25000 ~ 27000。具有胶体化合物的性质。腐殖酸本身不溶于水，但其钾盐和钠盐易溶于水。

腐殖酸的分子式较为复杂，至今仍无定式。分子中含有 C、H、O、N 和少量 S、P 元素。光谱分析证实其富含羟基和高度氧化的木质素，易溶于苛性钠。

用风化露头煤经苛性钠处理得腐殖酸钠，用于澄清煤泥水具有一定效果。

3.2.2.2　人工合成高分子絮凝剂

根据合成方法，可分为聚合型和缩合型两类。聚合型高分子絮凝剂是在聚合反应条件下生成的高分子化合物。是由不饱和的低分子相互加成，或由环状化合物开环，相互连接成大分子的反应。不饱和的低分子或环状化合物称为单体，其中含有 $C \!=\! C$ 双键。

缩合型高分子化合物为缩合反应的产物，由低分子化合物相互作用，同时析出水、卤化氢、氨、醇或酚等小分子化合物的反应。

A　聚丙烯酸及盐类

制取聚丙烯酸的原料为丙烯腈。丙烯腈水解制得丙烯酸，反应如下：

$$CH_2 = CHCN + 2H_2O + HCl \longrightarrow CH_2 = CHCOOH + NH_4Cl \qquad (3-6)$$

或

$$CH \equiv CH + CO + H_2O \longrightarrow CH_2 = CHCOOH \qquad (3-7)$$

丙烯酸容易发生聚合反应和氧化反应，在催化剂的条件下，即可生成丙烯酸水溶液的聚合物。其结构式为：

$$\left[\begin{array}{c} -CH-CH_2- \\ | \\ COOH \end{array} \right]_n$$

由于分子中含有—COOH，所以具有阴离子型絮凝剂的特征。可以为粉剂或黏稠状水溶液，是一种良好的絮凝剂。

类似的还有聚甲基丙烯酸及其盐类和聚衣糖酸及其盐类。

B　聚丙烯酰胺

聚丙烯酰胺是目前世界上应用最广、效能最高的非离子型絮凝剂。也是我国目前使用得最多的絮凝剂。

聚丙烯酰胺的生产，由丙烯腈水解生成丙烯酰胺，在引发剂的条件下，加温聚合生成聚丙烯酰胺，反应如下：

$$CH_2 = CHCN + H_2O + H_2SO_4 \xrightarrow{85 \sim 100℃} CH_2 = CHCONH_2 \cdot H_2SO_4 \quad (3\text{-}8)$$

$$CH_2 = CHCONH_2 \cdot H_2SO_4 + 2NH_3 \xrightarrow{50 \sim 55℃} CH_2 = CHCONH_2 + (NH_4)_2SO_4 \quad (3\text{-}9)$$

或 $$CH_2 = CHCONH_2 \cdot H_2SO_4 + Ca(OH)_2 \longrightarrow CH_2CHCONH_2 + CaSO_4 + 2H_2O \quad (3\text{-}10)$$

$$nCH_2CHCONH_2 \xrightarrow[聚合]{(NH_4)_2S_2O_8,50 \sim 65℃} \left(\begin{matrix} -CH_2-CH- \\ | \\ C=O \\ | \\ NH_2 \end{matrix} \right)_n \quad (3\text{-}11)$$

最终产品聚丙烯酰胺为黏稠状胶体物质，通常含聚丙烯酰胺8%。

丙烯酰胺也可由丙烯腈直接在催化剂作用下进行水化合反应合成。反应式如下：

$$CH_2 = CHCN + H_2O \xrightarrow[\substack{压力 0.3 \sim 0.4MPa \\ 8.5 \sim 12.5℃}]{催化剂骨架铜} CH_2 = CHCONH_2 \quad (3\text{-}12)$$

再经聚合得聚丙烯酰胺。后一种方法对催化剂要求较严格。

C 聚丙烯酰胺的部分水解产品

将聚丙烯酰胺同碱进行水解，即可得到聚丙烯酰胺的水解产品。该产品主要具有架桥作用，也有阴离子性质。后者对架桥作用的实现有一定作用。反应如下：

$$\left(\begin{matrix} -CH-CH- \\ | \\ C=O \\ | \\ NH_2 \end{matrix} \right)_n +mNaOH \xrightarrow[水解]{50 \sim 80℃} $$

$$\cdots -CH_2-CH_2-CH-CH_2-CH-\cdots +mNH_3 \quad (3\text{-}13)$$
$$\begin{matrix} | & | & | \\ C=O & C=O & C=O \\ | & | & | \\ NH_2 & NH_2 & ONa \end{matrix}$$

聚合物在碱性或中性溶液中进行水解：

$$\cdots -CH_2-CH-CH_2-CH-CH_2-CH-\cdots$$
$$\begin{matrix} | & | & | \\ CONH_2 & CONH_2 & COONa \end{matrix}$$

$$\cdots -CH_2-CH-CH_2-CH-CH_2-CH \cdots +Na^+ \quad (3\text{-}14)$$
$$\begin{matrix} | & | & | \\ CONH_2 & CONH_2 & COO^- \end{matrix}$$

在两个—COO^-基团之间存在斥力，使卷伏的大分子伸展。水解度对分子卷伏的影响见图3-8。

(1) <30% 水解度的聚丙烯酰胺。当聚丙烯酰胺水解度小于30%时，分子链上—COO^-基团较少。因此，分子卷伏较厉害，不容易展开，架桥作用较差，使絮凝效率受到一定影响。但由于—COOH解离量少，所以电负性较弱，起絮凝作用时，与带负电的颗

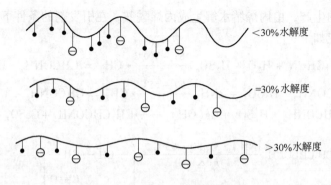

图 3-8 水解度对水分子卷伏的影响

粒表面静电斥力也较小。

（2）大于 30% 水解度的聚丙烯酰胺。当聚丙烯酰胺水解度增大时，分子链上的—COO⁻基团增加，—COO⁻之间斥力增加，因此，分子链伸展比较好。但聚合物本身电负性也随之增强，聚合物和颗粒表面斥力也增加，甚至可以阻止架桥作用产生。大大削弱了聚合物的絮凝作用。

（3）30% 水解度的聚丙烯酰胺。当聚丙烯酰胺水解度为 30% 时，聚丙烯酰胺分子链上每隔两个—CONH₂基团，就有一个—COO⁻基团。此种聚丙烯酰胺，电负性比较适中，不致使人分子过于卷伏，又有利于架桥作用的产生。因此，其絮凝效果最好。

在酸性溶液中，聚丙烯酰胺和 H⁺ 进行下面的反应：

$$R-\underset{NH_2}{\overset{\overset{\displaystyle O}{\|}}{C}} + H^+ \longrightarrow R=\underset{NH^+}{\overset{\overset{\displaystyle O}{\|}}{C}} \tag{3-15}$$

分子链上的=NH₃⁺容易与=COO⁻基团进行作用，而使分子产生卷伏，影响絮凝效果。

3.3 絮凝剂的应用

3.3.1 絮凝剂在选煤厂的用途

自从合成高分子絮凝剂首次在选煤厂应用以来，该项技术在选厂煤泥水处理工艺中很快得到普及。尤其近年对环境保护的要求越来越加严格，使其在选煤厂中的作用更显得重要。再之，絮凝剂的应用比较简单，少量药剂即可取得较好的效果。因而受到普遍的重视。

目前，絮凝剂在选煤厂中最主要的用途是提高澄清、浓缩设备固液体分离的效果，加速微细颗粒在煤泥水中的沉降速度，得到澄清的溢流水供选煤作业，满足其用水要求，防止细泥在煤泥水体系中循环累积，造成恶性循环。并且保证全部洗水循环使用，即使有少量水需要外排，也能保证外排水符合环境保护的要求，不致造成污染。提高沉淀煤泥的浓度，适应下一作业的需要，利于煤泥厂内回收。使用絮凝剂后，澄清水的浓度可降至 0.5g/L 左右。

絮凝剂在选煤厂的另一个用途是适应某些特殊设备的需要。如深锥浓缩机、带式压滤机等许多新型设备，需要有适当的絮凝剂配合使用，才能充分发挥作用，提高设备的利用效率。而且，这些设备必须有适当絮凝剂存在时，才能正常生产。

最后，由于采用直接浮选，浮选入料粒度变细，为了提高过滤设备的处理能力，可以适当加少许絮凝剂作助滤剂。但至今在我国尚无实际应用。

3.3.2 絮凝剂的选择

选择絮凝剂时，应考虑其价格和来源，以保证在选煤厂推广使用。最常用的絮凝剂是聚丙烯酰胺及其衍生物。

由于絮凝剂与矿物之间的作用过程比较复杂，目前仍无法根据煤泥水体系的参数，预测絮凝剂的作用及效果，需要逐个进行试验，选定絮凝剂的种类及用量。

絮凝剂的用量应包括两部分，一部分消耗于包裹悬浮物的分子，有利于絮团的形成；另一部分消耗于一些被破坏絮团重新吸附絮凝剂而聚集成新的絮团。形成絮团的用量与颗粒表面积呈线性关系，后者则与表面积无关，而与颗粒表面被絮凝剂包裹的程度有关。

选取高分子絮凝剂应注意：

（1）选择正确的类型。使用高分子絮凝剂时，应选择正确的类型。因其絮凝能力和电荷密度、分子量等均有关，因此，需具体进行试验后确定。

（2）用量恰当。絮凝剂的用量除了直接影响絮凝效果外，还影响选煤厂的成本，其用量应选择恰当。其原因如下：

1）正如前面所述，絮凝剂在矿物表面的覆盖量约50%时，可以达到最佳絮凝效果。用量过小，效力不足；用量过大，反而产生保护胶体作用，促使颗粒处于分散状态。

2）高分子絮凝剂本身价格昂贵，用量过大，导致选煤成本增加。

3）使用聚丙烯酰胺时，由于丙烯酰胺单体是一种具有巨大毒性，影响神经的药剂。在聚丙烯酰胺合成过程中，不可避免仍有部分单体存在。即使要求在聚丙烯酰胺中的残留单体含量小于0.05%，仍应严格控制聚丙烯酰胺的用量，减少丙烯酰胺单体毒性对人体造成的危害。

3.3.3 絮凝剂溶液的配制和添加

3.3.3.1 絮凝剂水溶液的配制

为了充分发挥絮凝剂的作用，应将其配制成水溶液使用，其浓度一般低于0.1%。选煤厂中常使用0.1%~0.15%的聚丙烯酰胺水溶液。浓度太高，可能溶解不完全，使活性下降，影响使用效果。

水溶液的配制。首先用定量的水配制成1%左右浓度的溶液，然后再稀释使用。因而可使用容积较小的溶解搅拌桶，提高溶解效率。

配制水溶液时应有充分的搅拌、混合时间，使絮凝剂完全溶解。又要防止过度搅拌，引起絮凝剂分子的降解。对于聚丙烯酰胺，工业使用的有固体粉末和8%含量水解体两种。后者比较容易溶解。粉末状的絮凝剂，溶解时应保证每个颗粒进入水中后都能立刻被水包围，避免遇水溶胀，如几个颗粒聚在一起，不能分开，导致溶解不完全。

3.3.3.2 聚丙烯酰胺水溶液的贮存

聚丙烯酰胺水溶液容易变质，因而需现配现用。此外，铁在氧化过程中容易使絮凝性能降低，特别是浓度较稀的溶液，影响更大。因此，不宜用铁质容器长期贮存此类药剂。

3.3.3.3 絮凝剂的添加

为充分发挥絮凝剂的作用，加速煤泥水体系中煤泥颗粒的沉降速度，必须使絮凝剂在煤泥水体系中充分分散。比较理想的混合条件是：快速搅拌，使絮凝剂充分分散，在煤泥水体系失稳后，转入比较稳定的絮凝沉降环境。如在尾煤浓缩机中添加药剂，加药点与浓缩机中心给料管之间应有一定距离，并以此调节搅拌分散时间。在溜槽、管道中的快速流动起到搅拌作用，进入浓缩机后即开始絮凝沉降。

有下列数种添加方式：

（1）多点加到溜槽中；

（2）多点加到管道中；

（3）加到浓缩机上特制的带搅拌叶轮的加料筒中；

（4）用喷射器进行混合；

（5）应尽量采用药剂多点添加，使之更均匀地和整个矿浆混合，提高药剂效能。

4 ‖ 筛 分 脱 水

筛分脱水是物料以薄层通过筛面时发生的水分与颗粒脱离的过程。从原理上讲，筛分脱水是一种在重力场或离心力场中进行的过滤过程，故有时筛分脱水也称为筛滤。

筛分脱水一般应用于 0.5mm 以上的较粗物料排水，也可用于粒度范围为 0.1～1mm 的较细物料的脱水。在选煤厂中，脱水筛的使用非常广泛，如：洗选后的精煤和粗粒煤泥的脱水常在脱水筛上进行，而且精煤脱水筛不仅起脱水作用，还能将大量煤泥脱掉，使产品质量得到保证。在重介质选矿及重介质选煤时，产品与加重剂的分离也常在脱水筛上进行。在生产实践中，筛分、脱水有时是在同一设备、同一作业中完成的。

本章主要介绍选煤厂粗粒物料的筛分脱水及脱水提斗脱水作业。

4.1 脱水筛

脱水筛是选煤厂使用最广的脱水设备之一。通常分级用的筛分设备均可用于脱水，但其构造应做相应的改变，使其有利于水分与固体的分离。

脱水筛脱水的特点，基本上仍是利用水分本身重力的自然脱水方法。物料在筛面上铺成薄层，在沿筛面运动的过程中，受到筛分机械的强烈振动，使水分很快从颗粒表面脱除，进入筛下漏斗。

筛分机械的类型很多，用于脱水的筛分机械，按其运动和结构可分为固定筛、摇动筛和振动筛三种。

由于选煤厂筛分设备的数量很多，对其要求越来越高。不但要求具有较高的处理能力、较好的脱水效果、较低的动力消耗，还应具备结构简单、制造容易、安装维修方便等机械性能，摇动筛的上述性能较差，目前在使用上受到一定限制，已逐步被工艺效果好、构造简单、维修方便的振动筛所代替。

4.1.1 固定筛

固定筛的工作部件——筛面是固定不动的，物料在倾斜的筛面上完全靠自身重力下滑，水分通过筛孔，进入筛下，完成脱水过程。

固定筛在选煤厂中主要安装在脱水筛之前，作为预先脱水。在物料进入脱水筛前先排除大量的水，提高脱水筛的脱水效率。固定筛通常分缝条筛、弧形筛和旋流筛三种。

4.1.1.1 缝条筛

缝条筛安置在脱水筛的给料槽上，其宽度与溜槽相等，长度不超过 2m，见图 4-1。

筛板尺寸一般为 0.5～1mm。最高泄水能力可达 200～300m³/（h·m² 筛面面积），经预先泄水后的产品液固比约为 2～3。

缝条筛的长度对脱水效果有很大影响。若长度不足，脱水效率低，长度过大，煤易堆积在筛面上造成堵塞。

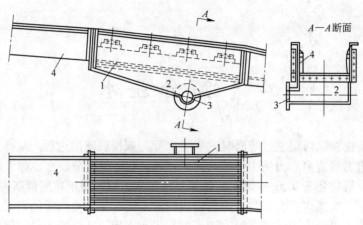

图 4-1　缝条筛简图

1—缝条筛筛板；2—锥形漏斗；3—煤泥水排出管；4—溜槽

缝条筛面积可由下式确定：

$$S = aw/q \tag{4-1}$$

式中　a——固定缝条筛泄下的水量占总水量的系数；

　　　w——应该排泄的总水量，m^3/h；

　　　q——单位缝条筛面积所能排泄的水量，$m^3/（h \cdot m^2$ 筛面）。可按表 4-1 选取。

表 4-1　缝条筛及弧形筛的单位面积泄水量

设备名称	用　途	不同筛孔尺寸的单位面积泄水量/$m^3 \cdot （h \cdot m^2）^{-1}$			
		2mm	1mm	0.75mm	0.5mm
固定缝条筛	精煤脱水	40~60	80~100	50~70	30~40
	块精、中、矸脱介				
弧形筛	精煤脱水		120~140	70~90	50~60
	粗煤泥脱水		100~120	60~80	
	末精、中、矸脱水		80~100	50~70	40~50

4.1.1.2　弧形筛

弧形筛是另一种预先脱水筛，其结构简单、脱水效果好。弧形筛的筛条由不锈钢制成，截面为长方形或梯形，筛缝宽为 0.5~1mm。筛条排列成圆弧形，物料沿筛面的切线方向给入，流速为 3~6m/s。在离心力和筛条的分割作用下，大量的水通过筛缝泄出，并泄出部分细泥。弧形筛见图 4-2。

弧形筛可设在跳汰机溜槽和脱水筛给料溜槽之间。本身是不耗费动力的设备。处理能力大，按给料计算可达 200~250m³/（h·m²），而且分级精确度高。如当筛缝宽度为 1mm 时，筛下物的粒度不大于 0.5mm。

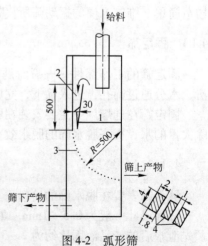

图 4-2　弧形筛

1—给料容器；2—给料漏斗；
3—圆弧形缝条筛面；4—筛棒的横截面

当物料在筛面上运动，离开某一个筛条，并沿切线继续前进时，其运动图解见图4-3。根据图中关系，颗粒接触到下一个筛条侧面的宽度 Δ 应符合下式：

$$R^2 + L^2 = (R + \Delta)^2 \tag{4-2}$$

式中　R——筛面曲率半径，mm；

　　　L——筛缝宽，mm。

由于 Δ^2 项很小，将其忽略后得：

$$\Delta = L^2 / 2R \tag{4-3}$$

当 $R = 500mm$，$L = 1mm$ 时，接触面的宽度仅为0.001mm，远小于筛孔尺寸。因此，比筛孔小得多的颗粒都可滑过筛缝，进入筛上产物。经验表明，筛孔尺寸约为筛下产品中最大粒度的 $1.5 \sim 2$ 倍。如需要分出 $0.25 \sim 0mm$ 的物料，筛缝宽度为 0.4mm 左右，如需分出 $0.5 \sim 0mm$ 级，则筛缝宽度为 $0.8 \sim 1mm$。

弧形筛的缺点是筛条磨损严重，筛面的安装和维护要求较高，而且弧面要求平整光滑。否则，脱水和分级效果均大大降低。

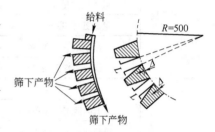

图4-3　物料在筛面上的运动图解

为了克服筛面磨损的问题，不少弧形筛制成逆转式，当一侧磨损后，可将筛面转动180°，重新使用。

4.1.1.3　旋流筛

旋流筛的工作原理与弧形筛相似。两者差别是旋流筛的工作表面为圆锥形，物料由切线给入导向槽，然后进入锥形筛面脱水，其结构见图4-4。奥索（OSO）旋流筛有 A 型、

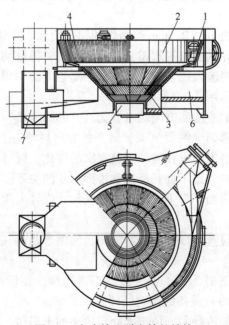

图4-4　奥索旋流脱水筛的结构

1—入料喷口；2—圆形导向槽；3—锥形缝条筛；4—导向筛网；
5—固体物料出口；6—外箱；7—筛下水出口

B 型和 C 型三种，其中 A 型和 B 型的技术规格和工艺参数见表 4-2。

表 4-2 奥索旋流筛技术规格及工艺参数

锥形筛网直径/mm		1200	1600	2000	2400	2800	3200
A 型奥索旋流筛							
工艺参数	锥形筛网工作面积/m²	1.5	2.5	4.0	6.0	8.0	10.0
	额定处理量/m³·h⁻¹	150	250	400	600	800	1000
	最小处理量/m³·h⁻¹	100	170	280			
	最大处理量/m³·h⁻¹	190	330	520			
	最小入料压头/Pa	5884	6864	8825	10787	13729	16671
	额定入料压头/Pa	9806~11768		10787~19613		16671~24516	
B 型奥索旋流筛							
工艺参数	锥形筛网工作面积/m²	1.5	2.5	4.0	6.0	8.0	10.0
	导向筛网工作面积/m²	0.8	1.5	2.0	3.0	4.0	5.0
	额定处理量/m³·h⁻¹	230	400	600			
	最小处理量/m³·h⁻¹	160	280	420			
	最大处理量/m³·h⁻¹	300	520	780			
	最小入料压头/Pa	5884	6864	8825	10787	13729	16671
	额定入料压头/Pa	9806~11768		10787~79613		16671~24516	

旋流筛兼具固定筛和离心脱水机的优点。但本身没有运动部件，不需要动力，单位面积处理能力比振动筛大 2~3 倍。运转稳定可靠，投资少，维护费用低，缺点是筛条磨损比较严重。

该机可用于末煤跳汰机 10~0.5mm 级精煤的初步脱水、末煤的脱泥和细粒煤的分级。工作时物料在流体静压下导入旋流脱水槽，经入料喷口，再沿切线方向流入导向槽，并变为旋流的形式。旋流的物料流入锥形缝条筛网，在离心力的作用下，液体穿过筛网，固体留在筛网上，完成了脱水作用。

旋流筛内，筛网缝条的宽度和方向均有变化。上部的缝条与机体近于平行，下部缝条则与机体垂直，而且比上部筛缝约宽 50%。缝条的方向是考虑了外层物料螺旋运动的特点和减少筛网在运转期间的磨损而设计的。筛缝宽窄的变化，则可保证整个锥形筛网上尽可能获得相同的分级粒度，并考虑了物料流速和锥面形状的关系。

此外，旋流筛导向槽内加了带垂直缝条的筛网衬，作导向筛网，可以增大设备的有效工作区面积。

通过调整入料喷口的位置可以改变入料方向，使混合物料在导向槽内作左旋或右旋运动，以增加筛网的寿命。

选择末精煤脱水奥索筛时，为了保证设备正常运转，在保持最小入料速度（最小压头）时，应使入料量大于筛分设备的额定处理量。

选择末精脱泥用奥索旋流筛时，应选择额定压头的上限值。

对于细粒级煤的脱水、脱泥和分级，为保证运转期间有恒定的分级粒度和处理量，在筛分设备运转 400~600h 后，应改变一次物料旋流方向，并检查筛面磨损情况。

对于末煤脱水推荐使用 0.75mm 筛缝的筛网；未经脱泥的末煤脱水或浓度大于 50g/L 的循环水脱泥或末煤脱泥，推荐采用 1.0mm 筛缝的筛网。

4.1.2 振动筛

振动筛具有结构简单，操作维修方便、处理能力高等优点。因此，振动筛近来发展极快，种类繁多，有圆运动振动筛、直线振动筛、共振筛等。并在选煤厂得到了广泛的应用。

脱水主要用直线振动筛，亦称双轴振动筛。而分级主要用圆运动振动筛，即单轴振动筛。

4.1.2.1 直线振动筛的构造

各种直线振动筛，结构大同小异。我国目前使用的直线振动筛分座式和吊式两种，生产产品主要有 ZS 和 DS 两个系列，又有单层和双层之分。

无论是直线振动筛，还是圆运动振动筛，都由筛箱、激振器及弹簧支撑或吊挂的装置组成，见图 4-5。

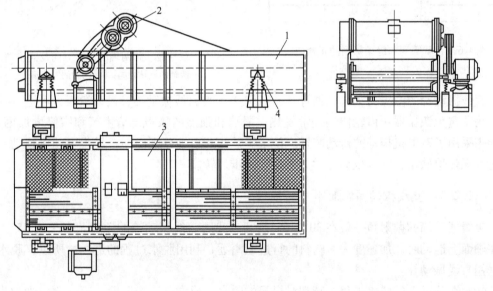

图 4-5 2ZS1756 直线振动筛
1—筛箱；2—激振器；3—筛网；4—弹簧

筛网是脱水筛的主要工作部件，应具有足够的机械强度、最大的开孔率且筛孔不易堵塞等性质。常用的筛网有板状筛网、编织筛网和缝条筛网等。脱水采用编织筛网和缝条筛网，脱水兼分级时也可使用板状筛网。

筛网固定在筛箱上必须张紧。因脱水筛筛孔通常较小，其张紧装置用图 4-6 形式。先将筛网用螺栓经压板固定在框架上，再将框架固定在筛箱上。紧固方式采用压木和木楔。

4.1.2.2 直线振动筛的工作原理

直线振动筛，利用激振器产生的定向激振力，使筛箱作倾斜的往复运动。如图 4-7

所示，当主动轴和从动轴的不平衡重相对同步回转时，各瞬时位置，离心力沿 $x\text{-}x$ 方向的分力总是互相抵消，而沿 $y\text{-}y$ 方向的分力总是互相叠加，形成了 $y\text{-}y$ 方向的激振力，驱动筛分设备作直线运动。两根轴的不平衡重在图 4-7 中（1）、（3）位置时，离心力完全叠加，激振力最大；而（2）和（4）位置的激振力方向相反，离心力完全抵消，激振力为零。

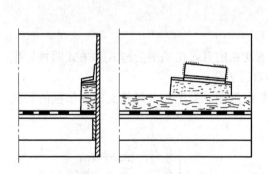

图 4-6　板状筛网和缝条筛网的张紧装置

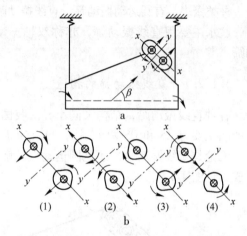

图 4-7　双轴振动筛两轴的旋转方向及同步情况

a—两轴的旋转方向；b—两轴的同步情况

直线振动筛的激振力很大，据计算，ZZS2-1.5 型直线振动筛，最大激振力可达 14.8t。

为了避免激振器用齿轮传动经常发热、漏油和强烈的噪声，给生产和维修增加困难，近年来采用了双电机拖动的传动装置。使激振器的两根轴分别由两个异步电动机拖动，两轴之间无强迫联系，完全依靠力学关系保证同步运转。

4.1.2.3　直线振动筛在脱水中的应用

直线振动筛的抛射角一般在 30°~65°之间。我国直线振动筛的抛射角多采用 45°。物料在筛面上运动时，加速度大，物料的行进距离远，利用脱水过程的进行。所以，脱水广泛采用直线振动筛。

物料在筛面上的脱水过程，特别对煤泥的脱水，通常分三个阶段。第一阶段为初步脱水，第二阶段为喷洗，第三阶段为最终脱水。喷洗的目的是冲洗掉混在产品中的高灰细泥，降低产品灰分，对降低产品的水分也有好处。加喷水对产品脱水效果的影响见表 4-3。

表 4-3　加喷水对产品脱水效果的影响

指　标	末精煤（13~0.5mm）		煤　泥	
水分/%	不加喷水	加喷水	不加喷水	加喷水
	13.2	12.1	26.8	25.0

由此可见，由于高灰细泥在产品中的夹杂，将阻碍水分的自由排泄，致使产品水分较高。同时看见，脱水过程本身常和脱泥过程同时进行。

所加喷水应该是清洁的补充水，或经过澄清的循环水。水压常为 0.152~0.203MPa

（1.5～2 个大气压），使水通过筛上的物料层时，有效对物料进行喷洗。实践证明，应将煤中大部分自由水分脱出之后，再进行喷水，可提高喷水的效力。因此，喷水管一般设在筛面长度的一半处。而且，喷水应尽量喷在整个筛面宽度上。

喷水管是带有几排小孔的水管，但小孔易堵塞，水的压力损失亦大，水流喷出后分散无力。因此，最好装设直径为 3～4mm 的喷嘴，个数以能喷洗整个筛面宽度为限，这样，可以增加喷洗效力。

所用喷水量与物料粒度和性质有关，其关系见表 4-4。

表 4-4 喷水量与物料性质的关系

物料性质	吨煤喷水量/m³	物料性质	吨煤喷水量/m³
块精煤	0.25	煤泥	1.0
末精煤	0.3	原煤煤泥	2.0

目前，选煤厂为了实现洗水闭路循环，多数厂采用澄清循环水作喷水。在煤泥量较少、细泥污染不严重、保证精煤质量的前提下，力图降低用水量。

经过脱水后产品的水分含量与处理量有极大关系。在其他条件相同时，随处理量增大，即单位筛面的负荷增大，筛面上的物料层厚度增加，物料中间夹带的水分增多，其脱水效果降低。而且，由于物料层加厚，喷水的效果降低，使脱泥效果亦随之恶化。处理量对脱水效果的影响见表 4-5。

表 4-5 筛分设备负荷对脱水效果的影响

筛上物料层厚度/mm	回收煤泥的灰分/%	水分/%
8	8.98	20
27	17.52	24
30	18.90	26

经脱水筛脱水后产品水分见表 4-6。

表 4-6 产品性质及水分

产品性质	水分/%	产品性质	水分/%
不含煤泥的块煤	6～7	细粒精煤	15～18
带煤泥的块煤	7～8	粗煤泥	22～25

对块煤脱水，为提高脱水筛的处理能力，并减少对小筛孔缝条筛的磨损。通常采用双层筛，上层用编织筛网，筛孔为 13mm，下层用条筛，筛孔为 0.5mm。

用于物料脱水时所需脱水筛面积可按下式计算：

$$S = K\frac{Q}{q} \tag{4-4}$$

式中 K——给料不均匀系数（脱水时取 1.15）；

Q——给料量，t/h；

q——单位筛面处理量（见表 4-7），$t/(h \cdot m^2)$；

S——所需筛面面积，m^2。

表 4-7 脱水筛单位面积处理能力

作 业	块煤脱水		末煤脱水		粗煤泥回收		泄水量/$m^3 \cdot (h \cdot m^2)^{-1}$	
筛 孔	13	6	1	0.5	0.5	0.25	1	0.5
生产能力/$t \cdot (h \cdot m^2)^{-1}$	14~16	16~12	7~9	5~7	1.5~2	1~1.5	50~60	30~40

4.1.3 影响脱水筛脱水效果的因素

脱水筛的功能是最大限度地从悬浮液中回收固体颗粒和最大可能地降低所回收的固相中的水分。粒度越小，脱水的难度越大。对于 0.5mm 以下的细粒物料，要实现高质量的脱水着重要考虑下列因素。

4.1.3.1 物料性质

（1）颗粒形状。球形、立方形或多角形颗粒形成的床层有足够的空隙而易于脱水，而扁平形的颗粒沉降阻力大而不利于脱水。

（2）粒度和粒度特征。粒度分布是最为重要的影响因素，尤其是细粒物料。脱水效果在很大程度上取决于最初形成的滤床。它或由最先落在筛面上的粗粒构成，或由细粒在筛面架桥形成。为获得较高的脱水效率，务必保持大于平均粒度的颗粒占有一定的比例。一般认为，在体积固液比为 1:1 时，大于平均粒度的颗粒含量应占 40%。

（3）物料密度。固液密度差较小时，固体颗粒随液流损失的可能性增大，此时，应采用在相当慢流速下进行脱水的固定筛。

（4）物料组成。黏土类物料含量较大时，将因料浆黏度增高而不利于脱水。

4.1.3.2 脱水筛的结构性能

（1）筛面。要有足够的强度，有效面积（筛孔总面积与整个筛面面积的比）大，筛孔不易堵塞，物料在运动时与筛孔相遇的机会较多。

（2）筛孔孔径及开孔率。筛面的开孔率决定筛子的脱水能力，同时开孔率又受筛面材质、筛孔形状、筛孔孔径等因素制约。一般孔径较大时，开孔率相应较大；而孔径较小时而很难获得较高的开孔率。

（3）所需脱水面积。所需脱水面积主要受物料粒度影响，应采用实验方法提供的实际参数，根据若干经验公式来确定。

4.1.3.3 操作因素

（1）工作频率、投料角和筛面倾斜度。在脱水应用中，所选择的频率应符合筛的最佳输送能力和脱水效率，并保证对脱水床层仅有最小的干扰。如电磁筛的频率高达 5000~7000 次/min；而直不平衡振动器所带动的高速振动筛的振次为 1450~1800 次/min。

（2）输送速率。输送速率取决于投料角度和加速度，也受筛面倾斜度的影响，对于输送速率为 0.2~0.25m/s 的不平衡振动筛，其投料角度与水平成 40°~45°角时效果较好。筛面的倾斜角有正倾斜式（筛面沿料流流动方向下倾）、水平式和反倾斜式之分。反倾斜式斜面可延长物料在筛面的停留时间。

（3）料浆的固液比。料浆固液比过高，会因黏度过大而影响脱水效果；料浆固液比过小时，则因筛面上液流强度过高而造成细粒损失，且搅乱脱水床层。如在对粒度小于0.5mm，含量大约占30%～40%的煤泥水进行脱水之前，必须先有一个增浓阶段。

4.2 脱水提斗

脱水提斗也称脱水提升机、脱水斗提升机。

4.2.1 脱水提斗的用途

脱水提斗通常兼有脱水和运输双重作用。作为脱水设备时，可作最终脱水设备，也可作为初步脱水之用。

对于大块物料及水分要求不太严格的产品，如跳汰分选作业的中煤、矸石可用脱水提斗直接作为最终脱水设备，获得最终出厂产品。对粒度较细、或脱水不太容易，水分又要求较严格的产品，脱水提斗可作初步脱水。如粗煤泥回收作业，对捞坑沉淀的煤泥先经脱水提斗初步脱水，再进一步用脱水筛和离心脱水机作最终脱水。

4.2.2 脱水提斗的构造

脱水提斗的构造见图4-8。

斗链绕过机斗的星轮和机尾的滚轮形成无级循环的牵引机构，电动机通过减速器经链轮使主轴上的星轮转动，拖动斗在导轨上运行，其构造与输送用的提斗相同。

（1）机头。机头包括传动装置和紧链装置。

传动系统见图4-9。脱水提斗的标准设计采用链轮传动，该传动方式具有简单轻便的特点。

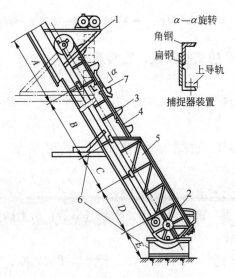

图4-8 脱水提斗的构造
1—机头；2—机尾；3—斗链；4—导轨；
5—机壳；6—机架；7—捕捉器

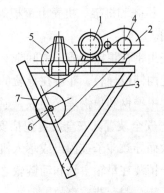

图4-9 脱水提斗的传动装置
1—电动机；2—减速器；3—传动链；4—主动链轮；
5—压紧链轮；6—主轴；7—从动链轮

紧链装置见图4-10。轴承借助于丝杠5的旋转而沿着紧链装置底座上的燕尾导轨4移动。

调节斗链的星轮，我国采用四方形星轮和六边星形两种。由于六边星形星轮，磨损后修补困难，因此，目前以采用四方形星轮者居多。

（2）机尾。机尾是斗链的导向装置，安装在整个脱水提斗的下部。

（3）斗链。斗链由料斗和链板或圆环链组成，见图4-11。每组斗链由一个料斗和两节链板构成。

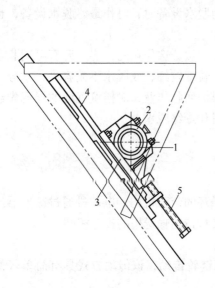

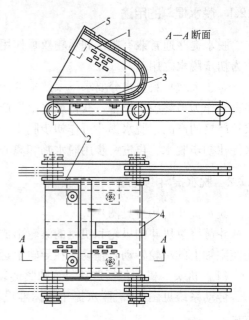

图4-10　脱水提斗的紧链装置
1—主轴；2—斜轴承；3—轴承座；4—燕尾导轨；5—丝杠

图4-11　斗链
1—料斗；2—链板；3—带榫螺栓；4—扁钢；5—角钢

为了满足脱水需要，料斗应由带有长条形孔的钢板制成，通常筛孔尺寸为4mm×20mm，这种筛孔不易堵塞。

（4）机壳和机架。机壳由钢板焊接而成，中间带有槽钢骨架，用以支撑重量，使构件坚固耐用。

机壳由钢板焊接而成，中间带有槽钢骨架，用以支撑重量，使构件坚固耐用。

机壳内铺设导轨，斗链在导轨的扁钢上滑行。

机架由槽钢和角钢焊接而成，通过机架将机壳固定在基础和楼板上。

（5）安全装置。安全装置包括安全销和捕捉器。前者可防止发生断链事故；后者防因断链事故而导致斗子被抛出或落入机尾，扩大事故。

安全销装在星轮主轴和动链轮之间。运行中如发生料斗卡住时，安全销即被切断，提斗停止运转，避免造成事故。

捕捉器成对地焊接在机壳敞开段两侧导轨的角钢上，见图4-8的7。链板在导轨和捕捉器之间运动，若斗链断裂时，捕捉器将斗链挡住，不致向外翻倒而造成严重事故。

4.2.3 脱水提斗的安装要求及脱水效果

（1）安装要求。为了适应脱水作业的要求，脱水提斗的安装与运输提斗不同，通常有两个方面的差别：

1）脱水提斗安装时，其机身倾斜角度不应超过70°，两个提斗之间应有足够距离，避免前一个提斗排泄的水分落在后一个提斗中。倾角角度常在50°~70°之间。

2）保证有适当的脱水时间。物料提升机提出水面后，应有一段继续运行距离，以保证足够的脱水时间。脱水时间与料斗运动距离和离开水面后的运输高度有关。处理粗粒物料，应达20~25s；对于细粒物料，应有40~50s。实际经验表明，脱水提斗的提升高度至少应高出水面4m。粗粒物料可选择5~7m；细粒物料可选择7~8m。因此，对于粗粒物料脱水，提斗运动速度可稍快，约为0.25~0.27m/s；对于细粒物料脱水，应取较慢的速度，约0.15~0.17m/s。

（2）脱水效果。不同的物料性质和粒度有不同的脱水要求，其关系见表4-8。

表4-8 物料性质和粒度与水分的关系

物料的性质和粒度	粗粒精煤	粗粒中煤和矸石	细粒精煤	细粒中煤	细粒矸石
水分/%	9~10	14~18	18~22	20~25	20~30

粒度越细，亲水性越强，孔隙越多的物料，脱水越困难，脱水后产品水分也越高。

4.2.4 脱水提斗的输送能力

脱水提斗的输送能力可由下式计算

$$Q = 3.6 \frac{i_0}{a_0} \psi \rho v \tag{4-5}$$

式中　i_0——每一个料斗的体积，L；

　　　a_0——相邻两个料斗的距离，m；

　　　ρ——物料的散密度，kg/m^3；

　　　v——斗链速度（最终产品取0.16m/s，循环物料可取0.27m/s），m/s；

　　　ψ——料斗的装满系数（输送最终产品时取0.5，循环物料时取0.75）。

上式所用数据可从表4-9中查取。

表4-9 脱水提斗的技术规格

名　称	数　值				
运输物料粒度 L/mm	100以下				
提斗倾斜长度/m	14~23				
提斗倾斜角度/（°）	55~70				
斗链速度 v/m·s^{-1}	0.16~0.27				
料斗宽度 B/mm	400	600	800	1000	1200
料斗间距 a_0/mm	640	640	800	800	500
料斗容量 i_0/L	23	34.5	81	110.7	111.7

名　称	数　值				
牵引斗链形式	片式牵引链				
牵引斗链节距/mm	320	320	400	400	500
单边链条的破断拉力/kg	36000	36000	75600		
头部星轮棱边数	4	4	4		
头部星轮节圆直径/mm	454	454	566		
星轮轴转速　$v = 0.16\text{m/s}$	7.5	7.5	6		
星轮轴转速　$v = 0.27\text{m/s}$	12.7	12.7	10		
拉紧装置行程/mm	480		600		
电动机型式	JO PM			NGW	
减速器形式					
传动链条形式	套筒滚子链				
传动链条节距/m	50.8	50.8	63.5		
处理量/t·h^{-1}			47.8~161.4	79.2~200.4	

5 ‖ 离 心 脱 水

依靠重力作用进行自然脱水，其效果受含水物料性质限制很大。尤其是含有大量细粒物料时，效果更差。为了提高这部分物料的脱水效果，必须借助于外力。对于细粒煤泥脱水。多年来广泛采用在离心力场中连续工作的离心脱水机。利用离心力进行固体和液体的分离过程称离心脱水过程。

离心脱水过程可用离心过滤和离心沉降两种不同的原理，也可将两种原理结合在一起，其分类和用途见表5-1。

表5-1 离心脱水机的分类和用途

分 类			用 途
离心脱水机	离心过滤式	惯性卸料离心脱水机 螺旋卸料离心脱水机 振动卸料离心脱水机	末精煤和粗煤泥的脱水
	离心沉降式	沉降式离心脱水机	浮选尾煤脱水
	沉降过滤式	沉降过滤式离心脱水机	浮选精煤、细煤泥脱水

5.1 过滤式离心脱水机

5.1.1 过滤式离心脱水机的工作原理

离心脱水机中产生的离心力要比重力大上百倍，甚至上千倍，因而其脱水效果优于自然脱水效果。

5.1.1.1 工作原理

过滤式离心脱水机的主要工作部件——锥形筛篮，经传动轴由电动机带动旋转。湿物料给到筛篮的中心，受离心力的作用甩到筛篮的壁上，形成沉淀物，水分通过沉淀物空隙和筛篮上的筛孔排出，实现物料和水分的分离。其工作原理见图5-1。

假定有一质量为 m 的质点，沿着半径为 r 进行圆周运动，角速度为 ω，则该质点的圆周速度可作下式求得：

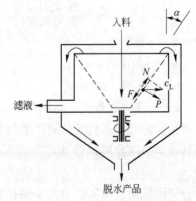

图 5-1 过滤式离心脱水机的工作原理

$$v = \frac{2\pi \gamma n}{60} = \omega \cdot \gamma \tag{5-1}$$

式中 n——转速，r/min。

在此等速回转运动中，将产生一个向心加速度 α_X 和与其等值的离心加速度 α_L，则：

$$\alpha_X = \alpha_L = \omega^2\gamma \tag{5-2}$$

该质点的向心力 c_X 和与其相反的离心惯性力 c_L 为：

$$c_X = c_L = m\omega^2\gamma \tag{5-3}$$

其离心惯性力分解为对筛面的正压力 P 和平行于筛面的作用力 N，其值分别为：

$$P = c_L \cdot \cos\alpha \tag{5-4}$$

$$N = c_L \cdot \sin\alpha \tag{5-5}$$

式中 α——筛篮锥角的一半，(°)。

平行于筛面的作用力 N，使物料沿筛面向排料口移动，而正压力 P，产生物料沿筛面滑动时的摩擦力 F

$$F = Pf = c_L f \cos\alpha \tag{5-6}$$

式中 f——物料与筛面之间的滑动摩擦系数。

显然，只有当 $N > F$ 时，物料才能沿筛面滑动，即下式必须成立：

$$c_L \sin\alpha > f c_L \cos\alpha \tag{5-7}$$

$$f > \tan\alpha \tag{5-8}$$

如果 β 是物料沿筛面滑动的摩擦角，得 $f = \tan\beta$

$$\tan\alpha > \tan\beta \tag{5-9}$$

$$\alpha > \beta \tag{5-10}$$

由式（5-10）可见，只有当筛篮锥角的一半大于物料沿筛面滑动时的摩擦角，物料才能沿筛面滑动，完成脱水过程。

5.1.1.2 分离因数

分离因数亦称离心强度。分离因数表示在离心力场中产生的离心加速度和重力加速度相比时的倍数。

$$Z = \frac{离心加速度}{重力加速度} = \frac{R\omega^2}{g} = \frac{\pi^2 R n^2}{900g} \approx 1.12 \times 10^{-5} n^2 R \tag{5-11}$$

式中 R——旋转半径，cm；

　　　ω——角速度，s^{-1}；

　　　n——转速，r/min；

　　　g——重力加速度，$981 cm/s^2$。

可见，离心脱水机的分离因数与筛篮转速 n 的平方及旋转半径的一次方成正比，采用提高转速来提高分离因数比增加半径更加有效。因此，离心机的结构常采用高转速，小直径。

分离因数是表示离心力大小的指标，也即表示离心脱水机分离能力的指标。分离因数 Z 越大，物料所受离心力越强，越容易实现固液分离，因此，分离效果也越好。

由于煤粒较脆，容易粉碎，过高的分离因数将使煤粒粉碎度提高，增加脱水过程煤粒在滤液中的损失。同时设备的磨损增大，动力消耗也相应增大。选煤用离心脱水机分离因数常在 80~200 之间。对粒度较小的浮选精煤和尾煤脱水用的离心脱水机，如沉降式离心脱水机或沉降过滤式离心脱水机，其分离因数在 500～1000 之间。

5.1.2 不同类型的过滤式离心脱水机

过滤式离心脱水机有惯性卸料式、螺旋卸料式和振动卸料式三种类型。惯性卸料离心脱水机，物料在筛篮内依靠惯性力滑动并排出，所以锥形筛篮的半锥角必须大于物料的滑动摩擦角。因此，虽然结构简单，但笨重，脱水效率低、生产量小，目前已基本不用，已被螺旋卸料离心脱水机和振动卸料离心脱水机代替。

5.1.2.1 螺旋卸料离心脱水机

螺旋卸料离心脱水机，其卸料不是靠惯性力，而是依靠增设的螺旋刮刀完成的。

以 LL-9 型离心脱水机为例，其结构见图 5-2。

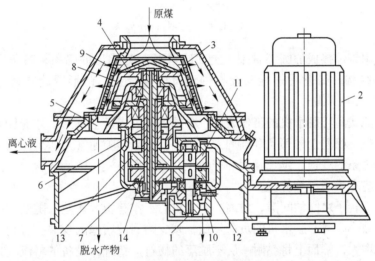

图 5-2 LL-9 型螺旋卸料离心脱水机
1—中间轴；2—电动机；3—筛篮；4—给料分配盘；5—钟形罩；6—空心套轴；
7—垂直心轴；8—刮刀转子；9—筛网；10—皮带轮；11～14—斜齿轮

全机由 5 部分组成，有传动系统、工作部件、机壳、隔振装置和润滑装置。机壳为不动部件，主要对筛网起保护作用，并降低从筛缝中甩出的高速水流速度。隔振系统是为了减小离心脱水机高速旋转时，对厂房造成的振动，而润滑系统则为了保证传动系统灵活运转。传动系统和工作部件为主要部分。

（1）传动系统。LL-9 型离心脱水机传动系统的主要部件是一根贯穿离心脱水机的垂直心轴 7，其外有空心套轴 6，下部装有减速器。空心套轴和心轴通过齿轮与由电动机带动旋转的中间轴连接。

空心套轴与心轴分别与筛篮和刮刀转子相连，同时旋转，而且方向相同。这是由于相连的传动齿轮数不同得到的。齿轮 11 齿数为 72，齿轮 12 齿数为 71，齿轮 13 和 14 齿数为 88。因此使筛篮和转子之间差速为 7r/min，并决定了物料在离心机中的停留时间。

（2）工作部件。工作部件由筛篮 3、钟形罩 5、刮刀转子 8、给料分配盘 4 和筛网 9 组成。筛篮和刮板刀转子结构见图 5-3。

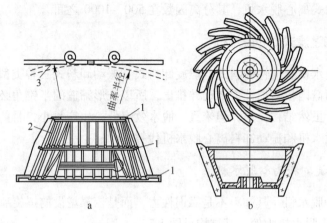

图 5-3　筛篮和刮刀转子

a—筛篮；b—刮刀转子

1—圆环骨架；2—拉杆；3—筛条

筛篮上有扁钢焊接成的圆环骨架，上面绕着断面为梯形的筛条，筛条由拉杆穿在一起，构成整体结构。筛篮用螺栓安设在钟形罩的轮缘上。钟形罩旋转时，筛篮便一起旋转。

筛篮是过滤式离心脱水机的工作表面，必须保证内表面呈圆形，才能保证筛面与螺旋刮刀之间的间隙。筛篮上的筛条顺圆周方向排列，筛条缝隙通常为 0.5 ~ 0.35mm。较小的筛缝，可减轻筛条的磨损，延长筛面的寿命，并减少离心液中的固体含量。因此，在保证水分的前提下应尽量减小筛缝。

筛篮和刮刀转子之间的间隙，对离心脱水机的工作有很大影响。随间隙的减小，筛面上泄留的煤量减小，离心脱水机的负荷降低，减少筛网被堵塞的现象，有利于脱水过程的进行；若间隙增大，筛面上将黏附一层不脱落的物料，新进入设备的料流，只能沿料层滑动，一方面加大物料移动阻力，在相同处理能力时，使之负荷增加，动力消耗增大，并增加对物料的磨碎作用，另一方面泄出的水分必须通过该黏附的物料层，增加水分排泄阻力，降低脱水效果。因此，筛篮和刮刀之间的间隙是离心脱水机工作中调整的因素之一。

对于螺旋刮刀卸料的离心脱水机，间隙要求为（2±1）mm。并可通过增减心轴凸缘上的垫片，使刮刀转子升高或降低，借以调整二者之间的间隙。磨损过于严重，无法进行调整时，应更换刮刀。

筛篮与刮刀转子之间的差速，并由于刮刀的作用，使脱水物料按被迫设计的刮刀螺旋线移动，移动的煤流与筛缝斜切，使筛缝有效宽度变大，如图 5-4 所示。当筛缝宽度为 b，物料运动轨迹与筛条之间夹角为 β（β 即刮刀的螺旋角）时，筛缝的有效宽度应为：

$$B = \frac{b}{\sin\beta} \tag{5-12}$$

螺旋角 β 随刮刀螺距的增大而增大。因此，随螺距增大，筛缝有效宽度 B 减小，水流越难通过。但煤流沿螺旋线的运动速度加快，增加了离心脱水机的处理能力，同时离心脱水后产品的水分增加，离心脱水效果降低。所以，正确选择刮刀螺距，对离心脱水机的工作有很大意义。

分配盘用于使物料均匀地甩向筛篮内壁，改善离心脱水机的工作效果。分配盘由球墨铸铁铸成，并用螺栓固定在刮刀转子上，因此，分配盘随刮刀转子一起转动。分配盘见图 5-5。

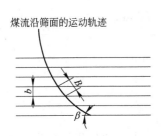

图 5-4 物料在筛面上的移动方向

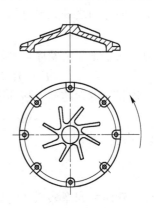

图 5-5 分配盘

5.1.2.2 振动卸料离心脱水机

振动卸料离心脱水机出现比较晚，经过不断发展和改进，目前已趋完善。虽然机型很多，但主要差别是振动系统和激振方法不同。目前生产的振动离心脱水机其分离因数一般在 60 ~ 140 之间，适用于 0 ~ 13mm 精煤脱水，处理能力范围 25 ~ 250t/h，产品水分为 5% ~ 11%。水分高低受粒度组成影响，平均粒度越小，水分越高。

振动卸料离心脱水机的传动机构使筛篮一方面绕轴作旋转运动，另一方面又沿该轴作轴向振动，因此，强化了物料的离心脱水作用，并促使筛面上的物料均匀地向前移动。物料层抖动时，还有助于清理过滤表面，防止筛面被颗粒堵塞，减轻物料对筛面的磨损等作用。由于具有以上特点，使振动离心脱水机得到了日益广泛的应用。

振动卸料离心脱水机又分卧式和立式两种。前者有 WZL-1000 型、TWZ-1300 型等，后者有 VC-48 和 VC-56 等引进设备，我国的型号为 TZ-12 和 TZ-14。

A 卧式振动离心脱水机

a 工作原理

在卧式振动离心脱水机中，物料在筛篮内除受径向旋转的离心作用外，还受轴向振动的惯性力作用，重力因比离心力小得多，故将其忽略。物料在筛篮中的受力分析见图 5-6。

物料在运动过程中，其振动惯性力的方向和绝对值都是变量。下面讨论惯性力向右达到最大值时的情况。

离心力 C 和振动惯性力均可分解为对筛面的正压力 C_p 和 J_p，以及沿筛面的切向分力 C_t 和 J_t。如果筛篮的半锥角为 α，则分力分别为：

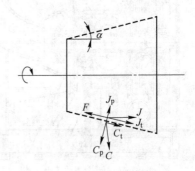

图 5-6 振动离心脱水机物料的受力分析

$$C_p = C\cos\alpha \tag{5-13}$$

$$C_t = C\sin\alpha \tag{5-14}$$

$$J_p = J\sin\alpha \tag{5-15}$$

$$J_t = J\cos\alpha \tag{5-16}$$

如两个切向分力之和大于摩擦力 F，物料就可以克服摩擦力向筛篮大直径端，即卸料端运动。

摩擦力与两个正压力及摩擦系数 f 的关系如下：

$$F = f(C_p - J_p) = f(C\cos\alpha - J\sin\alpha) \tag{5-17}$$

因此，物料能够在筛面上滑动的条件应为：

$$C\sin\alpha + J\cos\alpha > f(C\cos\alpha - J\sin\alpha) \tag{5-18}$$

经整理后得：

$$\tan\alpha = \frac{fC - J}{C + fJ} \tag{5-19}$$

煤与金属筛网之间摩擦系数约为 0.3～0.5。考虑筛网表面比较光滑，由于振动作用，物料又不是处于密集状态，所以摩擦系数取小值，摩擦角相当于 17°，而筛篮的半锥角常在 10°～15°之间，因此，单靠离心力的切向分力 C_t，物料不可能沿筛面滑动。由于振动惯性力的切向分力 J_t 的方向和绝对值都是变量，因此，两个作用力的切向分力之和也是变量。当其合力大于摩擦力时，物料在筛面上可以向排料端运动；当合力小于摩擦力时，物料停止运动。即物料在筛篮中是间断地向前运动的。筛篮的锥角越大，物料向排料端运动的速度也越大。

在物料运动和停止的交替过程中，使物料处于松散状态，促使水分通过物料间空隙排出，强化了细粒物料的脱水作用，改善脱水效果。

b WZL 卧式振动离心脱水机的构造

WZL 卧式振动离心脱水机的构造见图 5-7。由工作部件、回转系统、振动系统、润滑系统四大部分组成。

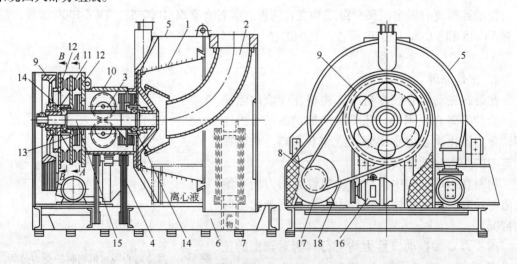

图 5-7 WZL-1000 型卧式振动离心脱水机

1—筛篮；2—给料管；3—主轴套；4—长板弹簧；5—机壳；6—机架；7—橡胶弹簧；8—主电机；
9—皮带轮；10—偏心轮；11—缓冲橡胶弹簧；12—冲击板；13—短板弹簧；14—轴承；
15—主轴；16—激振用电动机；17—皮带轮；18—三角皮带

筛篮是离心脱水机的主要工作部件，由筛座和筛框两部分组成。筛框用1Cr18N19Ti不锈钢楔形筛条焊接而成，筛篮倾角为13°。为减少物料沿轴向运动的摩擦力，筛条沿锥体母线排列，筛缝为0.25mm。筛篮极易磨损，一般寿命为1500~2000h或通过0.15Mt煤后即应进行更换。否则因筛条磨损而影响脱水效果。对13~0mm末精煤，筛缝的磨损极限可定为实际筛缝宽度大于0.6mm的数量超过90%为度。

回转系统是使筛篮旋转的系统。包括传动装置、主轴装置和支承装置三部分。

主轴由一对推力向球面滚子轴承支承。由于轴承在工作过程中所受的径向载荷比振动而受到轴向惯性力小得多，而且轴向力每分钟变化方向达1500~1800次。因此，为保证轴承正常工作，必须用4个蝶形弹簧将主轴各部件压紧。

为了适应设备大型化的发展，又研制了TWZ-1300型卧式振动离心脱水机。该机将原来的振动系统改为双质量的非线性振动系统，并用环形剪切弹簧代替了原来的短板弹簧。提高了离心脱水机的工作稳定性和改善其脱水效果。

WZL-1000型和TWZ-1300型离心脱水机技术规格见表5-2。

表5-2　WZL-1000型和TWZ-1300型离心脱水机技术规格

型　号	入料粒度 /mm	处理能力 /t·h^{-1}	产品水分 /%	工作面积 /m^2	筛网缝隙 /mm	筛篮转速 /r·min^{-1}	振动频率 /n·min^{-1}	筛篮振幅 /mm
WZL-1000	0~13	100	7~9	1.4	0.25	380	1500~1800	5~6
TWZ-1300	0~13	200			0.4	310	1560~1760	4~6

型　号	旋转电动机		振动电动机		润滑电动机		筛网大端 直径/mm	总重 /t	外形尺寸 （长×宽×高） /mm×mm×mm
	功率 /kW	转速 /r·min^{-1}	功率 /kW	转速 /r·min^{-1}	功率 kW	转速 /r·min^{-1}			
WZL-1000	22	1470	3.0	1420	0.35	1450	1000	3.15	2150×1870×1765
TWZ-1300	45	980	5.5	1440			1300	6.42	2980×2320×2310

B　立式振动离心脱水机

VC-48和VC-56两种立式振动离心脱水机的结构见图5-8。该类振动离心脱水机采用曲柄连杆激振的双质量线性振动系统，可用于75~0.5mm物料的脱水。

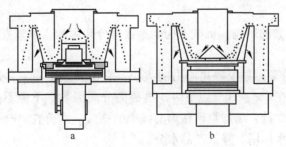

图5-8　立式振动离心脱水机的结构
a—VC-48；b—VC-56

VC型离心脱水机的技术特征见表5-3。

表 5-3 VC 型离心脱水机的技术特征

项 目 型 号	入料水分 /%	筛篮大端 直径/mm	筛篮大端 离心强度	筛面形式	筛缝宽 /mm	开孔率 /%	筛篮寿命 /h	总 重 /kg
VC-48	35	1220	72	楔形筛条	1；0.75；0.5	24；18；13	2000	5700
VC-56	35	1420	74	楔形筛条	1；0.75；0.5	24；18；13	2000	10450

a 工作原理

物料经入料漏斗进入离心脱水机，并均匀地分配到筛篮底部。在摩擦力的作用下，逐渐加速，并达到筛篮同速运动。筛篮除作旋转运动外，同时作垂直的振动。在振动力作用下，沿筛篮表面向上运动，在此过程中，水分通过筛孔排出，脱水后产品最终从筛篮顶部进入卸料区。振动作用还使物料处于松散状态，促进固液分离，提高物料脱水的作用。

b 结构特点

（1）入料漏斗口径大，入料方便，不需入料溜槽。物料汇集在接收器内自然形成的耐磨层上。因此，不用耐磨衬板，减少了产品的粉碎量。（2）采用大型橡胶隔振装置，只要注意充气和看管，该隔振装置经久耐用。（3）电机装设在外部，便于检修，可连续振动。（4）采用直接传动的齿轮油泵进行连续润滑，循环油能进入所有内部轴承。（5）采用宽系列滚柱轴承向筛篮传递振动力，减少故障产生。

该类型离心脱水机还有缝条筛篮耐磨性能好、寿命长、耗电小等优点。

5.1.3 过滤型离心脱水机工作效果的评价和主要影响因素

5.1.3.1 过滤型离心脱水机工作效果的评价

工作效果可从两方面进行评价，其一脱水产品的水分；其二离心液中固体含量。并希望在脱水过程中兼具脱灰作用，既可脱泥，还减少了物料在脱水过程的粉碎程度。主要以前面两个指标进行评价，后面两个是辅助指标。理想的离心脱水机应具有脱水后产品水分低、离心液中固体含量低，脱泥降灰效果好及粉碎程度低等性质。

5.1.3.2 离心脱水机工作效果的影响因素

影响因素很多，但主要可以分为两类，一类属于机械结构方面的因素，一类属于工艺条件方面的因素。

（1）机械结构参数的影响。机械结构能参数有分离因数、筛篮直径、锥角、高度、筛网的特征等。

1）分离因数。分离因数反映离心力的大小，它由转速决定，并影响脱水后产品的水分。通常，产品水分在 8%～10% 以下时，再提高分离因数，不但不能降低产物水分，反而增高离心液中固体含量，增加物料在离心液中的损失。水分在 10% 以上时，提高分离因数可增强离心机的脱水作用，降低产品水分。

对螺旋卸料离心脱水机进行了试验，分离因数由 100 提高到 800，脱水后产物水分降低 1%～2%；卧式振动离心脱水机，筛篮转速由 400r/min 提高到 610r/min，分离因数提高 1.9 倍，而水分降低 0.7%。

2）筛篮的结构参数。一般筛篮的高度决定物料在筛篮中的停留时间。选择筛篮高度时，应保证物料在机中有足够的脱水时间。但不同的离心脱水机有不同的要求。如惯性卸料离心脱水机，物料运动速度快，所以筛篮高度较大；螺旋卸料离心脱水机，物料在机中运动速度由筛篮与刮刀的相对转速决定，高度可以略低。国内外生产的这种类型的离心脱水机，筛篮高度常在0.5m左右，脱水时间约1s。

筛篮锥角，亦称筛篮倾角，指筛篮母线与筛篮轴线之间的夹角，对脱水效果影响较大。锥角越小，离心液固体含量越低，对水分影响较小。对振动卸料离心脱水机的实验表明，当入料中 -0.5mm级含量相同，锥角为10°时，物料损失在离心液中的量为2%，产物水分为7% ~9%；而当筛篮锥角为15°时，物料的损失量增至5%，水分则为7% ~14%。

筛篮直径主要影响设备的生产能力。不适宜的提高生产能力，使筛面上物料层过厚，影响脱水过程顺利进行，增加脱水后产品水分。

3）筛网特征。筛网特征指筛缝宽度。螺旋卸料离心脱水机和振动卸料离心脱水机，都采用缝条筛网。缝宽常为0.25 ~0.5mm。在一定范围内，缝宽对脱水后产品水分影响不明显，而对物料在离心液中的损失有较大影响，而且缝宽与损失量几乎成正比。

离心脱水机筛网较易磨损，为控制物料在离心液中的损失量，应及时进行检查与更换。

（2）工艺条件对离心脱水机工作效果的影响。属于该方面的因素有给料量、给料粒度组成及入料水分等。

1）给料量的影响，根据对国内外各种过滤式离心脱水机的统计得知螺旋卸料离心脱水机的单机生产能力约为30 ~100t/h，单位面积负荷为45 ~167t/ (m² · h)；振动卸料式的单机生产能力为100 ~150t/h，单位筛网面积负荷为62 ~117t/ (m² · h)。

当离心脱水机的给料量在上述范围内时，给料量变化对产物水分和物料在离心液中的损失量影响均不大。如某选煤厂对LL-9型离心脱水机的试验结果见表5-4。

表5-4　LL-9型离心脱水机试验结果

给料量/t · h⁻¹	入料中 -0.5mm 级含量/%	入料水分/%	脱水后 产品水分/%	离心液 浓度/g · L⁻¹	离心液中固体损 失占入料量/%
17 ~25	2.59	12.49	4.18		
	11.38	17.17	6.33	31.3	5.80
30 ~35	1.21	12.24	4.81		
	11.65	19.17	7.55	31.2	6.13
50	2.56	14.20	5.02		

由表5-4中可见，当给料量增加一倍多，由17 ~25t/h增加到50t/h时，水分只上升0.84%。物料在离心液中的损失量变化不大。

另有资料表明，当给料量超过上述范围时，产品水分急剧上升，而对离心液中的固体损失量仍影响不大。

2）入料粒度组成及水分的影响。入料粒度组成主要取决于入料中细级别的含量，并与入料水分有密切关系。入料水分变化，粒度组成对产生水分的影响不同，其结果见图5-9。

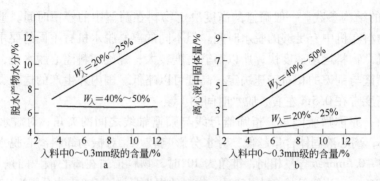

图 5-9 粒度组成对脱水效果的影响

a—对产物水分的影响；b—对离心液中固体量的影响

由图 5-9 可见，入料水分在 25 ~ 30 以下时，粒度组成对产物水分有很大影响，而且水分随 - 0.3mm 级含量增大而增加，但对离心液中固体含量影响不大。即平均粒度越小，水分越高。其原因是细级别表面积大，因此可携带较多的水分。

当入料水分增加到 40% ~ 50% 时，细粒级含量对离心液中固体含量有明显影响，但对产物水分几乎没有影响。这是由于入料煤水分高，随离心液带出的细泥量增多，使离心液中固体含量有较大的提高，同时，减少了物料中保持水分的细粒级含量，所以，水分比较稳定。当入料中细泥含量较高时，为降低产物水分，在离心脱水机中可适当喷水。但离心液中固体损失量也随之提高。

5.2 沉降式离心脱水机

沉降式离心脱水机，利用离心力使煤水混合物中的固体浓缩并沉降在筒壁上，用螺旋刮刀进行卸料，溢流水由另一侧排出，实现固液分离。由于是依靠沉降作用进行分离，所以入料浓度范围较宽。入料浓度最大可达 40% ~ 50%，经脱水后沉淀物水分为 20% ~ 30%。

该设备主要用于处理颗粒粒度为 13 ~ 0mm 的末煤或 1 ~ 0mm 的煤泥水。在选煤厂中，目前多用于浮选尾煤的脱水作业，也可用于其他煤泥的脱水作业。离心强度 400 ~ 1500，最低为 278。提高离心强度虽对固液分离过程有利，但却增加了机械的应力，并使机械磨损加剧。

5.2.1 沉降型离心脱水机的工作原理

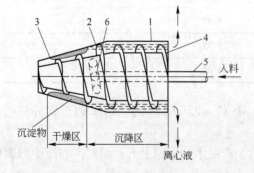

图 5-10 卧式沉降离心脱水机工作原理

1—外转筒；2—螺旋转子；3—沉淀物排出口；4—溢流口；
5—中心给料管；6—喷料口

沉降型离心脱水机多数是卧式的，其工作原理见图 5-10。需进行固液分离的混合物由中心给料管 5 给入，在轴壳内初步加速后，经螺旋转子 2 上的喷料口 6 进入到分离转筒内。因物料密度较大，在离心力作用下，被甩到转筒筒壁上，形成环状沉淀层。再由螺旋转子将其从沉淀区运至干燥区，进一步挤压脱水，然后由沉淀物排出口 3 排出。在沉淀物形成过程中，外转筒 1 中的液体不断澄清，并连续向溢流口流动，最终从溢流口 4 排出。实现了固液分离。

物料在机中的脱水过程由两个阶段组成，第一阶段为离心沉降阶段，固体颗粒在沉降区受离心力作用进行沉降，形成沉淀层；第二阶段为沉淀物在脱水区进一步被压紧，挤出沉淀物间隙中的残余水分。第一阶段为主要脱水阶段。

5.2.2 分级粒度的确定

沉降型离心脱水机与过滤型离心脱水机不同，其粒度不是由筛孔或筛缝大小控制，而是由颗粒在离心力场中的沉降速度而定。

为了简化计算过程，借用重力场中的沉降速度公式计算颗粒的离心沉降速度，但重力加速度应改用离心加速度。

处理煤泥水时，由于粒度很细，雷诺数 Re 常小于 1。因此，离心沉降速度 v_0（cm/s）用斯托克斯公式计算：

$$v_0 = \frac{d^2(\delta - \rho)\omega^2 R}{18\mu} \tag{5-20}$$

式中　d ——颗粒直径，cm；

　　　δ ——颗粒的密度，g/cm^3；

　　　ρ ——水的密度，g/cm^3；

　　　ω ——颗粒旋转的角速度，rad/s；

　　　R ——颗粒重心处的半径，cm；

　　　μ ——液体的动力黏度，Pa·s。

颗粒在沉降式离心脱水机中的干扰沉降速度 v_H 为：

$$v_H = \theta^n v_0 \tag{5-21}$$

式中　θ ——松散系数；

　　　n ——指数（$n = 2.5 \sim 3.5$）。

可见，颗粒的沉降速度随旋转半径 R 的改变而变化。沉降速度的计算见图 5-11，速度方程为：

$$v = \frac{\mathrm{d}R}{\mathrm{d}t} \tag{5-22}$$

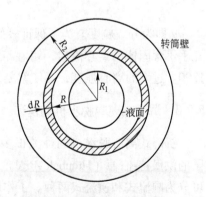

式（5-22）经积分可得颗粒从液面离心沉降到转筒壁所需的时间：

$$t = \int_{R_1}^{R_2} \frac{\mathrm{d}R}{v} \tag{5-23}$$

式中　R_1 ——液面处的半径，cm；

　　　R_2 ——转筒内壁直径，cm。

图 5-11　沉淀时间计算简图

经变换得：

$$v = \frac{d^2(\delta - \rho)\omega^2 R \theta^n}{18\mu} \tag{5-24}$$

令

$$a = \frac{d^2(\delta - \rho)\omega^2\theta^n}{18\mu} \tag{5-25}$$

则

$$v = aR \tag{5-26}$$

代入式（5-23），求出颗粒自 R_1 沉降到 R_2 处所经历的时间 t_1 为：

$$t_1 = \int_{R_1}^{R_2} \frac{1}{a} \frac{dR}{R}$$

$$= \frac{1}{a} \ln \frac{R_2}{R_1}$$

即

$$t_1 = \frac{18\mu}{d^2(\delta - \rho)\omega^2\theta^n} \ln \frac{R_2}{R_1} \tag{5-27}$$

如果混合物浓度很小，$\theta \approx 1$，得：

$$t_1 = \frac{18\mu}{d^2(\delta - \rho)\omega^2} \ln \frac{R_2}{R_1} \tag{5-28}$$

为了使物料在离心脱水机中有足够的脱水时间，物料在离心机中的停留时间必须大于 t_1，否则，物料来不及沉淀，将随溢流水排出。

当颗粒沿离心脱水机轴同运动的水平速度为 v_h，沉降区长度为 l 时，颗粒经沉降区至排出所需时间为 t_2：

$$t_2 = \frac{l}{v_h} \tag{5-29}$$

v_h 可由离心脱水机所处理的矿浆量求出。

根据分级粒度的定义，可得 $t_1 = t_2$ 时的粒度：

$$d = \sqrt{\frac{18\mu \cdot v_h \cdot \ln R_2/R_1}{l(\delta - \rho)\omega}} \tag{5-30}$$

d 即为分级粒度。为了保证较好地控制粒度，t_2 必须大于等于 t_1。当需要获得澄清的几乎不含固体的离心液时，可在沉降型离心脱水机中添加絮凝剂，此时离心强度可小于1300。过大的离心强度，常使絮凝剂所受机械应力加大，用量增加。

5.2.3　沉降式离心脱水机的构造

沉降式离心脱水机的种类很多，如美国的伯德（Bird）型、夏普尔（Sharpl）型、德国的洪堡特-伯德（Humbold-Bird）型、日本的三菱-伯德（LBM）型等。按其入料方式又可分为顺流式和逆流式两种。工作原理基本相同，只是一些结构参数有差别。如顺流型入料从转筒大端给入，沉淀物和澄清水同向运动，澄清水再返回从大端溢流排出；而逆流型入料从中部给入，沉淀物和澄清水向相反方向运动并排出。下面以 LBM 型沉降离心脱水机为例，简单说明其构造，结构见图5-12。

（1）转筒。转筒形状为圆柱—圆锥形，两端支在主轴承上。圆锥形端部设有沉淀物排出口，圆柱形端部设有溢流排出口，用闸板或堰调节溢流口的高低。改变溢流口高度，脱

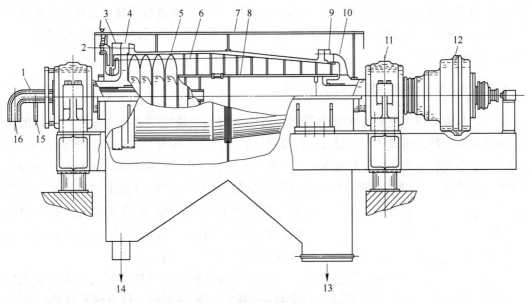

图 5-12　LBM 型沉降离心脱水机结构

1—给料管；2—溢流口；3—溢流闸板；4—转筒大端；5—转筒；6—液位；7—外壳顶板；
8—螺旋转子；9—转筒小端；10—沉淀物排料口；11—轴承座和主轴承；12—齿轮减速器；
13—沉淀物；14—溢流；15—絮凝剂入口；16—煤浆入口

水区和干燥区的长度比例也相应改变。

（2）螺旋转子。螺旋转子的轴颈与围绕在螺旋转子轴壳外部的螺旋叶片两端相接。轴颈一端与减速器相连，另一端为空心轴，并设有给料管。

（3）传动装置。转筒由电机直接带动，螺旋转子则由电机通过齿轮减速器带动。两者的旋转速度有一差值，使转筒和螺旋转子之间产生相对运动，借此将沉淀在筒壁的物料推移到转筒小端排出。

5.2.4　沉降式离心脱水机的主要参数

5.2.4.1　转筒的长度、直径和锥角

转筒的长度主要影响物料在离心脱水机中经受离心分离作用时间及设备的处理能力。较长的转筒，可以使固液分离彻底，得到较好的指标，并可提高处理能力。但长度增加后，动平衡要求提高，制造难度增大，使成本增高。一般沉降式离心脱水机转筒长度与直径之比约为 1.5～2.5。但美国夏普尔沉降式离心脱水机，为减少溢流产物中的固体含量，增大转筒长度，其转筒长度与直径之比为 3.7。

锥角与转筒长度是相互关联的。当长度和大端直径一定时，变化锥角可直接改变脱水区和沉降区的比例。随锥角减小，沉降区增长，因此，可降低溢流产物中的固体含量，反之，增大锥角，可使脱水区增长，降低沉淀物水分。目前，国内外煤用沉降式离心脱水机，锥角常在 20°～30°之间。

转筒直径对生产能力有很大影响。在转筒长度与直径比值一定时，沉降式离心脱水机

生产能力与直径的三次方大致成正比。但增大直径，不仅增加制造难度，而且动平衡不易保证，使振动加剧。特别在处理难分离物料、又需要较高分离因数时，该问题更加突出。因此，宜选用小直径。

5.2.4.2 给料点和溢流堰高度

给料点与溢流堰也是相互关联的因素。溢流堰的高度决定了离心脱水机沉降区的长度。随溢流堰增高，沉降区长度增长，分级粒度和溢流中固体含量降低。但增加到一定程度后，分级粒度和溢流中固体量基本上不再变化。这是因为转筒内环状液体直径减小使沉降的离心力降低，抵消了沉降区增长的作用。试验证明，溢流堰的高度到超过锥形转筒最大直径的1/4后，再增加高度对沉淀效果没有明显的影响。因此，溢流堰高度 h 常取转筒最大直径的 0.15~0.3 之间。

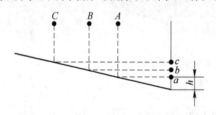

图 5-13 给料点与溢流堰高度的关系
A, B, C—给料点位置；a, b, c—溢流堰高度

给料点的位置则由给料管伸入到离心脱水机中的长短决定，见图 5-13。伸进的长度应与溢流堰高度相适应。溢流堰越低，给料点离溢流堰的水平距离越短，沉降区越短，溢流中固体量增高。

5.2.4.3 转筒转速

转速决定分离因数。分离因数越大，沉淀效果越好。通常，悬浮液中固体颗粒越细、密度越小、沉淀越困难，所需分离因数越高，转速也越大。虽然沉降式离心脱水机自振频率比工作频率高许多，不可能出现共振，但转筒和螺旋转子转速均较高，又有一定转差，仍易出现低频振动现象，或使旋转体振动加剧。

转速增加，使功率消耗增大，增加转筒和螺旋转子的磨损，缩短寿命。通常小型沉降式离心脱水机采用小直径高转速；而大型沉降式离心脱水机采用大直径，低转速。

5.2.4.4 工作效果的评价

工作效果评价和其他离心脱水机一样，采用两个指标，一是沉淀物的水分，是越低越好；一是溢流产物的固体量，也是越低越好。

沉降式离心脱水机在我国仅用于浮选尾煤的脱水，虽比浓缩机、真空过滤机体积小，系统简单，但产物水分高，溢流中固体量较大，而且，转速高，制造维护均较困难。因此，在我国没有得到推广应用。

5.3 沉降过滤式离心脱水机

沉降过滤式离心脱水机是近年来国内外新发展起来的一种产品，将沉降型和过滤型离心脱水机组合在一起。因此，兼具以上二者的优点。

属于这一类的离心脱水机有美国伯德型、德国洪堡特-伯德型、我国有 WLG-900 型。主要用于浮选精煤脱水，代替真空过滤机，其技术参数见表 5-5。

表 5-5 沉降过滤式离心脱水机技术参数

型号	规格	转筒最大内径/mm	转筒长度/mm	转速/r·min⁻¹	筛缝/mm	入料粒度（-44μm 比例）/%	入料浓度/g·L⁻¹
TCL-0918	φ915×1830	915	1830	700～1600	0.3～0.35	15～20	200～270
TCL-0924	φ915×2440	915	2440	700～1400	0.3～0.35	15～20	200～270
TCL-1134	φ1120×3350	1120	3350	700～1150	0.3～0.35	15～20	200～270
TCL-1418	φ1370×1780	1370	1780	300～900	0.25～0.35	17～25	250
SVS-800×1300	φ800×1300	800	1300	1010～1280	0.2～0.3		
WLG-900	φ900×1700	900	1700	800，900，1000	0.2～0.25	20	230～270

型号	处理物料	矿浆处理量/m³·h⁻¹	处理能力/t·h⁻¹	最大处理能力/t·h⁻¹	产品水分/%	回收率/%	溢流固体量/%	外形尺寸（长×宽×高）/mm	总重/t
TCL-0918		200	10～20	25	15～20	95～97	2～3	4040×3500×1470	8
TCL-0924		200	15～25	35	15～20	95～98	2～3		10
TCL-1134	浮选精煤	400	35～50	60	15～20	97～98	2～3	9600×2900×1860	17
TCL-1418		250	35～60	100	12～20	80～90	3～7	4690×4160×1900	15
SVS-800×1300									8.61
WLG-900			15～20						11.788

5.3.1 沉降过滤离心脱水机构造

以 WLG-900 型为例，其结构见图 5-14。除转筒与沉降式离心脱水机不同外，其他结构大同小异。沉降过滤型离心脱水机转筒由圆柱—圆锥—圆柱三段焊接组成。筒体大端为溢流端，端面上开有 4 个溢流口，并设有调节溢流口高度的挡板。转筒的小端为脱水后产品排出端，脱水区筒体上开设筛孔。脱水区进一步脱除的水分可通过筛孔排出。

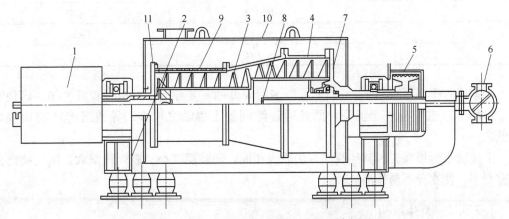

图 5-14 WLG-900 型沉降过滤式离心脱水机

1—行星齿轮减速器；2—机架；3—螺旋转子；4—转鼓；5—传动装置及润滑系统；
6—入料管；7—溢流口；8—喷料口；9—滤网；10—外壳；11—固体排料口

5.3.2 工作过程

矿浆经给料管给入离心脱水机转鼓锥段中部，依靠转鼓高速旋转产生的离心力，使固体在沉降段进行沉降，并脱除大部分水分。沉降至转鼓内壁的物料，依靠与转鼓同方向旋转，但速度低于转鼓2%的螺旋转子推到离心过滤脱水段。在离心力作用下，物料进一步脱水，脱水后的物料经排料口排出。由溢流口排出的离心液含有小量微细颗粒。由过滤段排出的离心液，通常含固体量较高，再返回到入料。

该离心脱水机沉淀物的水分约比沉降型离心脱水机低一半。

伯德型和洪堡特-伯德型沉降过滤离心脱水机均设有单独冲洗过滤段筛网的设施，并单独排出冲洗液。

5.3.3 沉降过滤型离心脱水机工作影响因素

该类型离心脱水机的工作影响因素主要有入料粒度组成、分离因数、筒体结构及处理量。

5.3.3.1 入料粒度组成

入料粒度组成与脱水效果关系极大，特别是 $-44\mu m$ 物料的含量。当 $-44\mu m$ 含量小于20%时，通常对产品水分影响不显著。当 $-44\mu m$ 含量超过20%时，脱水后产品水分上升极快，同时离心液中固体含量急剧增加。根据国外经验介绍，当 $-44\mu m$ 含量大于40%时，就不宜采用沉降过滤型离心脱水机。

据统计，入料中 -320 网目物料含量与固体回收率和产品水分之间关系见表5-6。

表5-6 -320 网目含量对产品回收率及水分的影响

入料中 -320 网目含量/%	沉淀物的回收率/%	沉淀物的水分/%
15	97 ~ 99	13 ~ 14
25	85 ~ 93	13 ~ 20
35	69 ~ 78	15 ~ 20
45	59 ~ 67	18 ~ 24
55	52 ~ 60	

固体回收率随 -320 网目物料含量增多而降低的主要原因，是由于粒度变细，即使在离心力场下，也变得难于沉降，而且通过筛网的量也随之增多，导致沉淀产物回收率降低。

沉淀物水分增高，和其他脱水方法原因相同。随粒度减小，表面积增大，沉淀物之间空隙变小，使水分不易排出。

5.3.3.2 筒体结构

筒体结构指转筒长度和转筒直径之比，主要影响沉降时间。沉降过滤式离心脱水机分长筒体和短筒体两种，长度和直径之比不小于2者为长筒体；反之，为短筒体。选择筒体的长短，可根据对产品的要求进行。如果对产品水分要求不严格，沉降时间可适当缩短时，可考虑采用短筒体。此时，溢流产物的浓度往往也较高。反之，则用长筒体，产品水分可以降低，溢流产物中固体量也较少。

5.3.3.3 处理量对产品水分的影响

处理量超过规定范围时，相当于缩短了沉降脱水的时间，因而沉淀物水分增高，此外溢流产物中固体含量也随之增加。

当细级别含量过高时，由于沉降物的回收率降低，增加了循环量，使离心脱水机在处理量不变的条件下，实际入料量增高，恶化工作效果。为了保证原有的工作指标，处理量将大大降低。

5.3.3.4 分离因数的影响

分离因数对沉降过滤型离心脱水机的固液分离有很大影响，与沉降型离心脱水机基本相同。在此，不再赘述。

伯德型沉降过滤式离心脱水机，通常可回收95%～99%的干煤泥，而产品水分可降至12%～20%。比选煤厂广泛应用的真空过滤机滤饼水分低5%～7%，所需功率消耗却比真空过滤机低20%。因此，在选煤厂浮选精煤的脱水中受到欢迎。

6 ‖ 分级与浓缩

分级作业要求按粒度进行分离，沉到容器底部的主要是规定粒度以上的较粗颗粒、浓度较大；没有沉下去、从设备上部排出的是规定粒度以下的较细颗粒、浓度较低。

浓缩作业则是将稀薄煤泥水中的悬浮颗粒沉下，成为符合下一作业浓度要求的浓缩矿浆，从底部排出；从设备上部排出的只是含有少量来不及下沉的细粒和极细粒煤泥、浓度极稀的溢流水。因此，浓缩作业实际也是分级过程。它们之间的差别只是粒度要求不同。此外，分级作业主要控制粒度；而浓缩作业主要控制浓度。

选煤厂中澄清作业实质上也是浓缩过程，该作业要求煤泥水在容器中停留足够长的时间，使其中固体颗粒尽可能全部沉下来，并要求得到比较洁净的溢流水。只是溢流水中固体量的控制更加严格，含量要求更低。该作业目前已被尾煤压滤作业所取代。

6.1 分级原理

6.1.1 分级的实质

分级是在水介质中进行的，颗粒在水介质中的自由沉降速度可按斯托克斯公式求得：

$$v_{os} = \frac{1}{18\mu}d^2(\delta - \rho)g\chi \tag{6-1}$$

颗粒在煤泥水中的沉降为干扰沉降，其沉降速度可按利亚申柯公式计算：

$$v_g = v_{os}(1 - \lambda)^n \tag{6-2}$$

式中　v_{os}——颗粒在水中的自由沉降速度，cm/s；

　　　　v_g——颗粒在煤泥水中的干扰沉降速度，cm/s；

　　　　μ——常温下水的黏度，$\mu = 0.01$ Pa·s；

　　　　δ——颗粒的密度，g/cm^3；

　　　　d——颗粒的粒度，cm；

　　　　χ——颗粒的球形系数，一般取$\chi = 0.3$；

　　　　ρ——水的密度，$\rho = 1$ g/cm^3；

　　　　g——重力加速度，一般取$g = 981$ cm/s^2；

　　　　n——实验指数，一般取$n = 5 \sim 6$；

　　　　λ——煤泥水的固体容积浓度（以小数表示），$\lambda = \dfrac{1}{R\delta + 1}$；

　　　　R——煤泥水的液固比。

把上述已知数值代入式（6-2），可得：

$$v_g = 1635(\delta - 1)d^2\left(1 - \frac{1}{R\delta + 1}\right)^n \tag{6-3}$$

从式（6-3）可以看出，v_g 取决于颗粒的粒度、颗粒的密度以及悬浮液的浓度。其中 $v_g \propto d^2$，即颗粒的粒度对 v_g 的影响最大，而 v_g 又决定分级，因此可以说对分级起主要作用的是颗粒的粒度，或者可以说粒度决定分级，有的书中习惯叫分级粒度。但 v_g 又受颗粒的密度和悬浮液浓度的影响，实际上应尽量克服两者的干扰。选煤厂分级设备的分级粒度应与主选设备的分选下限相一致，这是因为分级的目的是把主选设备已完成分选的部分和未完成分选的部分区分开来，分别进行处理。分选设备的分选下限一般为 0.3（0.2）~ 0.5mm。另外，在工艺上分级设备的分级粒度还与沉淀面积及设备的入料量有关。

6.1.2 分级设备的工作原理

分散体系的煤泥水沉降可用在层流状态下的斯托克斯公式来描述，分级设备中的沉降分离过程，一般可引用海伦模型。该模型假定：煤泥水的颗粒和流动速度在整个水池断面上是均匀分布的，并保持不变。悬浮液在分级设备中流动是理想的缓慢流动，颗粒只要一离开流动层，就认为已经成为沉物。该模型又称浅池原理。

在实际生产中，分级工作是一个连续的过程。物料由一端给入，溢流由另一端排出，沉物则由下部排出。若分级设备的长度为 L，宽度为 B，进入设备的煤泥水量为 W。如果分级设备有足够的深度，煤泥水溢流从另一端排出时，其上部有一流动层，其厚度设为 h，在流动层的下部的煤泥水可以认为是静止的。流动层中的颗粒同时受到两个力的作用，其一为重力，使颗粒具有一个下沉速度 v；其二是物料给入容器后受到的向前的推动力，因此，有一水平速度 u。所以，颗粒在流动层中的运动轨迹是一条曲线。当入料量 W 一定时，曲线倾斜程度主要受颗粒大小的影响。按照海伦模型，颗粒从给料端运动到溢流端以前，不管在何处由于轨迹的偏移离开了流动层，那么该颗粒在流动层下部将继续下沉，最终作为沉物排出。反之，颗粒从给料端运动到溢流端，仍处于流动层中，则该颗粒将从溢流端排出，成为溢流产品，见图 6-1。

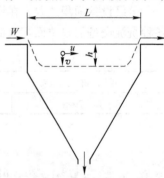

图 6-1 分级原理示意图

按上面的分析有如下关系，煤泥水在设备中的水平流速 u 为：

$$u = \frac{W}{Bh} \tag{6-4}$$

颗粒从给料端运动到溢流端所需时间 t_1 为：

$$t_1 = \frac{L}{u} = \frac{Ah}{W} \tag{6-5}$$

式中 A——分级设备面积（$A = BL$）。

任一粒度为 d 的颗粒，其下沉速度为 v，通过流动层所需时间 t_2 为：

$$t_2 = \frac{h}{v} \tag{6-6}$$

如果某颗粒从给料端运动到溢流端所需时间 t_1 大于其通过流动层的时间 t_2，即 $t_1 > t_2$，则该颗粒未到达溢流端时，已通过流动层，即成为沉物；反之，当 $t_1 < t_2$，颗粒到达溢流端时，仍处在流动层中，则从溢流排出，成为溢流产品。如果某颗粒的 $t_1 = t_2$，则该颗粒

运动到溢流端时，恰好在流动层的边界上。这种颗粒成为沉物和成为溢流的机会均等，有可能从溢流端排出，也可能成为沉物，该颗粒的大小被称为分级粒度。

当 $t_1 = t_2$ 时，可得下式：

$$W = Av \tag{6-7}$$

该式为煤泥水流量、设备面积和分级粒度下沉速度之间的关系。对于既定的设备，不同的处理量，可求出不同的 v 值，即有不同的分级粒度。当要求的分级粒度一定时，所需分级面积 A 与煤泥水的流量成正比。当煤泥水的流量一定时，所需要的分级面积 A 与分级粒度的下沉速度成反比，即与分级粒度成反比。

通常以每平方米沉淀面积、每小时所能处理的矿浆量立方米数来表示沉淀设备的能力，称为沉淀设备单位负荷。用 ω 表示。

式（6-7）中的 A 以 1m^2 代入，得：

$$W = v = \omega \tag{6-8}$$

该简式表示，只要已知所需分级粒度的下沉速度，即可求出所需最小分级面积。因为该下沉速度的数值代表该分级粒度下的最大单位面积负荷。

要求的分级粒度越细，沉降速度越慢，单位面积负荷也越小，所需要的分级设备面积则越大。因此，可以通过控制分级设备的面积来控制分级粒度。

分级设备面积选取，在设计中常用沉淀设备单位面积负荷计算。该法为经验数据法，各种沉淀设备的单位面积负荷见表6-1。

表 6-1　沉淀设备单位面积负荷　　　　　　　　　　($\text{m}^3/(\text{m}^2 \cdot \text{h})$)

斗子捞坑、角锥沉淀池	倾斜板沉淀池	煤泥捞坑	沉淀塔	浓缩机
15 ~ 20	50 ~ 70	13 ~ 15	5 ~ 8	2.0 ~ 3.5

$$A = \frac{KW}{\omega} \tag{6-9}$$

式中　K——不均衡系数（煤泥水系数通常取 1. 25）。

若取斗子捞坑的单位负荷为 $17.5\text{m}^3/(\text{m}^2 \cdot \text{h})$，则分级粒度沉降速度约为 4.86mm/s。

6.1.3　分级设备工作影响因素

影响分级设备的工作效果的因素主要有沉淀设备的沉淀面积、溢流宽度、水流运动状态等。

（1）分级设备的沉淀面积。由式（6-7）可见，在矿浆量一定时，随分级面积的减小，增加了分级粒度的沉降速度，即导致分级粒度增大，反之降低分级粒度。过大和过小的分级设备面积，都给生产带来不利影响。因此，决定分级设备面积应该慎重。

（2）溢流宽度的影响。溢流宽度增大，可减薄流动层厚度 h，使 t_2 变小。细小的颗粒也容易穿过流动层进入底流产品，使分级粒度变小。起到了增加分级设备面积的作用。溢流宽度增加后，还可以减小水体流动中的死角，充分利用沉淀面积，增大面积利用系数。

（3）水流状态的影响。颗粒在沉淀设备中，完全依靠重力进行沉降。煤泥由于粒度细、密度小、重量轻，因此，受水流运动的影响很大。为了提高自然沉降设备的工作效果，应尽量保持液面稳定。通常，工作中应注意下述几点：

1）全宽给料。为了使入料平稳，应尽量降低入料速度，做到全宽给料，使物料进入设备后能平衡地流向溢流端。

2）物料沿水平方向给入。物料应沿水平方向给入，而不是垂直方向给入，这样不致破坏流动层的平衡。

3）给料处加稳流圈或稳流罩。对于中心给料的设备，应尽量在中心给料管处加稳流圈或稳流罩，使物料从四周均匀流出，减少入料对周围水流的影响。

4）底流排放应尽量均匀。底流排放均匀、及时，可使底流排放量稳定，因而使沉淀物流态稳定，不致影响溢流量波动。为达到此目的，底流排放最好进行自动控制。

（4）各作业之间的配合。各作业之间能力应互相适应，实现稳定操作，避免造成局部循环，使部分作业工作状态恶化，影响其他作业。

6.2 常用的分级设备

6.2.1 重力场中的分级设备

6.2.1.1 角锥沉淀池

角锥沉淀池由若干个并列的底部为角锥形的钢筋混凝土容器组成，各分级室之间及其内部无隔板，角锥底部的倾角为65°~70°，角锥池一端入料，另一端为溢流端，沉物沉到锥底，锥底装有闸门以便排卸沉淀物料。煤泥水的入料方式有并联和串联两种，见图6-2。当以串联方式给料时，入料端底流排放物粒度组成较粗，出料端底流排放量小且粒度组成较细；当以并联方式给料时，底流物的质量没有差别。若要获得不同粒度的产品时，可选择串联给料方式。但当给料量一定时，采用串联给料方式，会使液流在角锥池中的流速较大，这对分级不利，所以选煤厂实际生产中多用并联给料。

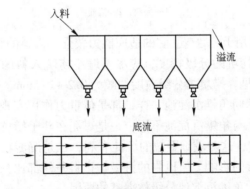

图6-2 角锥沉淀池

角锥沉淀池对入料的浓度和粒度都有一定的限制，较理想的入料浓度是100~150 g/L，入料粒度一般为0~1mm。根据现场试验，得出了关于角锥池的一组经验数据：当要求分级粒度为0.3mm，入料的固体含量为50 g/L时，其单位负荷不应超过15m³/（m²·h）；入料的固体含量为150 g/L时，单位负荷不应超过9.5m³/（m²·h）；固体含量为200 g/L时，单位负荷不应超过8m³/（m²·h）；而固体含量为250 g/L时，单位负荷不应超过7m³/（m²·h）。由此可看出，入料浓度对角锥池的工作效果影响较大。

角锥池的溢流自动排出，其底流由阀门靠人工控制排放，有时为了防止堵塞底流排放管路，需在其管路的侧壁接清水管或压缩空气管。由于人工控制底流排放阀门，所以分级粒度难以掌握。这是角锥分级设备的一大缺陷，应研制根据粒度检测来自动排料的装置。

6.2.1.2 斗子捞坑

捞坑通常为方锥形或圆锥形钢筋混凝土结构，锥壁倾角为 60° ~ 70°，由中心或单侧给料，从周边或旁侧流出溢流。广泛采用的是中心给料周边溢流的方式。锥形容器中安有一台斗子提升机，用它来排出沉淀物，排出沉淀物的同时，还对物料有脱水的作用。沉淀物进入斗子的方式有三种：喂入式、挖掘式和半喂入式。喂入式的斗子提升机位于捞坑倒锥之外（图 6-3a）；挖掘式的斗子提升机置于捞坑之中（图 6-3c）；而半喂入式介于上面两者之间，吸取了前两种形式的优点，机尾在捞坑外部，但斗子位于捞坑之内（图 6-3b）。半喂入式既避免了检修斗子提升机时的不便，又避免了物料在池内堆积的缺点。因此，实际中以第二种形式应用最多。

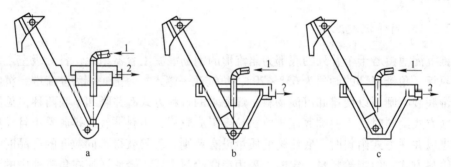

图 6-3 斗子捞坑中斗子的给料方式
a—喂入式；b—半喂入式；c—挖掘式
1—入料；2—溢流

斗子捞坑在选煤厂应用十分普遍。它的适应能力较强，入料的粒度范围宽，一般为 0 ~ 50mm。但有时为了提高捞坑的分级精度，应尽量缩小捞坑入料的粒度范围，实际捞坑的入料粒度以 0 ~ 13mm 多见。捞坑的分级粒度一般为 0.2 ~ 0.5mm。

斗子捞坑的工作原理同角锥沉淀池一样，都是借重力作用实现颗粒沉淀的。但是，斗子捞坑中颗粒沉淀的条件与角锥沉淀池不同，一是煤泥在斗子捞坑中将随同较粗精煤颗粒（如 6 ~ 13mm）一起沉淀，这对较细颗粒的沉淀有利；二是沉淀物及时用斗子提升机从捞坑中排出，不受人为因素的影响。所以它的沉淀与排料条件都比角锥沉淀池理想。这也正是斗子捞坑的分级效率比角锥沉淀池分级效率高的原因。

为了保证捞坑的分级效果，入料处应设缓冲套筒，以减小入料的流速对分级设备流动层的影响。锥壁若不光滑，其上容易"挂腊"，严重时捞坑"棚拱"，导致捞坑不能正常工作。为了防止"挂腊"，捞坑的锥壁最好铺瓷砖。

6.2.1.3 倾斜板分级设备

通常，自然沉淀设备的面积均较大。如能提高设备的处理能力，缩小设备的体积，则可减少基建费用。由于分级设备是利用浅池原理进行工作的，物料在池中的沉降分级与池深无关。因此，为了提高设备的单位面积处理量，应该充分利用池深。在分级沉淀设备中，加设一组倾斜放置的沉淀板面，即倾斜板装置，可提高分级沉淀设备的处理能力。

倾斜板的安装可以缩短颗粒的沉降距离，减少沉降时间，增大分级设备的沉淀面积，使沉淀好的物料顺利排出。如图 6-4 所示。倾斜板的安装角度 $\alpha = 50° \sim 60°$，α 越小越有利于增大沉淀面积，但不利于沉淀后煤泥的排出。选煤厂倾斜板的实际安装角度多采用 60°。倾斜板的层数增多，也有利于增加沉淀面积。层数越多则板间距越小，过小的板间距，会使水流的流动对沉物的沉淀及排放产生干扰。板间距一般可取 $100 \sim 150\mathrm{mm}$。

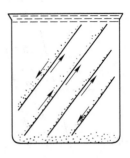

图 6-4 倾斜板沉降示意图

制作倾斜板的材料必须是质轻、平整光滑且耐磨、耐腐。最好采用质轻的乙烯树脂板，也可采用塑料板、不锈钢或铁板。用铁板时，必须涂上耐磨、耐腐蚀的涂料。

（1）倾斜板的入料形式。倾斜板的入料形式有三种，即上向流、下向流和横向流，如图 6-5 所示。

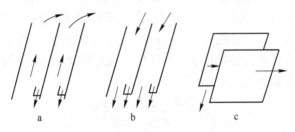

图 6-5 倾斜板的入料类型
a—上向流；b—下向流；c—横向流

1）上向流。煤泥水由下部给入，溢流由上部排出，沉物由下部排出。特点：液流运动方向与沉淀物运动方向相反，故液流对已沉积在板表面上的物料有干扰作用，粗颗粒先沉到板的下部，不易下滑的细颗粒沉在板的上部，这些细颗粒沉淀物易被上升流带走。另外，上升流还会对沉淀物的滑落有阻滞作用。但上向流的有效沉淀面积最大。

2）下向流。煤泥水从上部给入，沉物由下部排出，溢流由下部排出。特点：入料及沉物运动方向相同，对沉淀有利，细颗粒沉在板的下部，粗颗粒沉在上部，对沉物排放有利，但把沉物和溢流很好地分开却较困难。

3）横向流。其入料是一侧给入，沉物由下部排出，另一侧出溢流。特点：液流方向与沉淀物排出方向有一定夹角，液流对沉淀物的干扰作用较小，产物的排除也易于实现。

（2）上向流倾斜板设备工作原理。图 6-6 所示为上向流倾斜板装置的几何尺寸和沉淀过程各参数的关系。

从下部给入的煤泥水，沿着与水平方向成 θ 角的一组平行倾斜的空间，以平均速度 u 向上方运动，当煤泥水量为 W 时，其流速 u 为：

$$u = \frac{W}{BL\sin\theta} \tag{6-10}$$

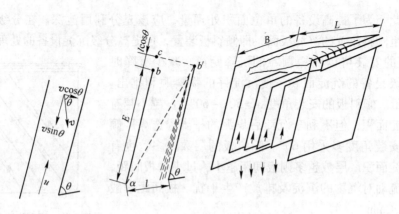

图6-6 上向流倾斜板装置

煤粒下沉落到倾斜板上面后，就不再受水流运动的影响，只能沿着倾斜板下滑，最后集中在槽底，作为沉淀物排出。

煤粒在倾斜板空间的下沉速度 v 可以分解成垂直于倾斜板和平行于倾斜板两个方向的分速度 $v\cos\theta$ 和 $v\sin\theta$。当煤粒通过两块倾斜板之间垂直距离 cb' 所需时间等于通过从倾斜板一端到另一端的距离 ac 所需的时间时，这个颗粒有50%的机会落在 b' 点上作为底流排出，该颗粒的大小即为分级粒度。分级粒度颗粒的实际运动途径为 ab' 曲线。

按照上述条件，分级粒度的颗粒通过两块倾斜板之间垂直距离所需时间与从倾斜板一端到另一端所需时间有如下关系：

$$\frac{E + l\cos\theta}{u - v\sin\theta} = \frac{l\sin\theta}{v\cos\theta} \tag{6-11}$$

经整理得：

$$v = \frac{ul\sin\theta}{E\cos\theta + l} \tag{6-12}$$

与式 (6-10) 联立，得：

$$v = \frac{W}{\dfrac{L}{l}BE\cos\theta + BL} \tag{6-13}$$

式中 L/l 是倾斜板沉淀设备中的倾斜板块数，可用 n 表示。BE 是一块倾斜板的面积。因此，$(L/l)\,BE\cos\theta$ 等于全部倾斜板在水平面上投影面积的总和。BL 是沉淀设备未加倾斜的水面面积。如前者以 A_e 表示，后者以 A 表示，则上式可简化为：

$$v = \frac{W}{A_e + A} \tag{6-14}$$

与式 (6-7) 的转换形式 $v = W/A$ 相比，倾斜板沉淀设备的面积比未加倾斜板前的设备面积多了一项 A_e。因此，在一般沉淀设备中如加设倾斜板，可以增加沉淀面积，提高设备的处理能力。A_e 称为所加设倾斜板的等效面积。

为了充分利用倾斜析沉淀设备中的倾斜板面积和原有设备的沉淀面积，实际工作中，倾斜板上面应该有一定高度的自由水面，才能保证分级粒度的颗粒恰好落到 b' 上。

同理可推导出下向流和横向流的公式：

下向流 $$v = \frac{W}{A_e - A} \qquad (6\text{-}15)$$

横向流 $$v = \frac{W}{A_e} \qquad (6\text{-}16)$$

（3）倾斜板沉淀槽。倾斜板沉淀槽是以倾斜板为主要工作部件的煤泥水分级设备。图
6-7 为上向流倾斜板沉淀槽的简图。槽体是一个斜方体的容器，下部接两个作收集和排放
沉淀物用的倒锥体。在斜方体容器内排列着斜置的倾斜板。每块板的下部都有"L"形的
入料隔板。容器的侧板下部有很多开口，每个开口均与"L"形入料隔板相对。侧板与扩
散状的入料槽相连，煤泥水通过入料槽和各开口分配到各倾斜板之间。由于"L"形入料
隔板的作用，进到每个隔间的煤泥水转为上升流，并使之入料不致于干扰顺板下滑的沉淀煤
泥。槽体的上部有溢流汇集管，溢流由此排出槽外。

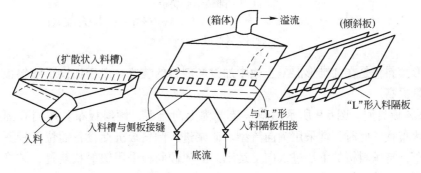

图 6-7 上向流倾斜沉淀槽

通过大量的生产实践，发现沉淀槽的溢流排放不合理。溢流是按整个槽宽产生的，而
排放时却汇集到一个很细的溢流管，这就使得溢流管处的液流速度急剧增高，对分级不
利；而沉淀槽两端由于受锥形罩的阻力，溢流运动速度很低，大量煤泥淤积在溢流箱两
端，堵塞了板与板之间溢流水通道（见图6-8），使板的利用率下降。改进后的倾斜板沉淀
槽将封闭式的溢流箱改为敞开式，消除了原溢流箱两端对上升水流的阻力，防止沉淀槽两
端煤泥的淤积，使溢流的流速正常，提高了分级效率。

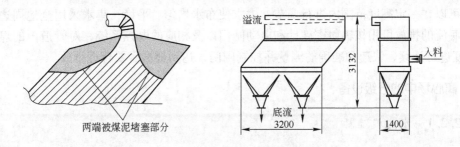

图 6-8 倾斜板沉淀槽的弊端及改进

（4）圆锥形倾斜板沉淀池。倾斜板沉淀槽的单位面积处理量虽较大，但单台体积小，
单台的处理量也小。在大型选煤厂中，由于煤泥水量大，致使需要的台数很多，从而造成
物料收集、排放管路复杂。因此，倾斜板沉淀槽的应用面并不广。为了充分发挥倾斜板沉

淀设备体积小、效率高、配置灵活、投资省等优点，应该寻找新结构的倾斜板沉淀设备，圆锥形倾斜板沉淀池即是一种新型的倾斜板装置，见图6-9。

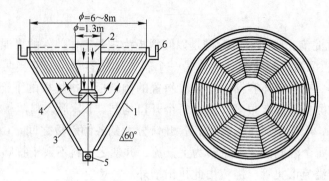

图6-9　圆锥形倾斜板

1—上部敞开的圆锥形混凝土池；2—进料管；3—布水帽；4—斜板沉淀区；
5—排料管及闸门；6—溢流槽

圆锥形倾斜板是在圆锥形混凝土池中加设倾斜板的装置。由于加设了倾斜板，使单位面积处理量提高。

1）倾斜板类型。图6-9所示倾斜板装置为上向流型，倾斜板布置按同心圆进行。也可按辐射状布置，此时，常采用横向流型。矿浆进入倾斜板沉淀设备的位置较深，由布水帽均匀分布，自倾斜板的下端进入向上运动。如果倾斜板采用辐射状装置，矿浆进入位置较浅，由倾斜板的一侧进入。

2）工作过程。煤泥水从沉淀池中心的进料筒进入，进入时受到布水帽的阻挡，使之沿倾斜板入料方向均匀分布，并改变水流方向，成为上升流，进入倾斜板沉淀区。为了排除一些混入、可能堵塞沉淀池下部排料口的杂物，进料筒中可设置滤网。

煤泥水进入倾斜板沉淀区，按照颗粒在倾斜板中沉降的原理，一部分煤泥颗粒沉淀在倾斜板上，并沿倾斜板下滑，落到沉淀池下部，进一步浓缩后，经阀门排出。另一些来不及沉淀的细煤泥随水流上升，从溢流排出，完成了分级作用。

倾斜板沉淀装置工作效果好与坏与其布水和集水关系极大。圆锥形倾斜板沉淀池的布水帽，可以在一定高度范围内进行调节，力求使布水均匀、平稳；集水采用全池周边溢流方式；底流的排放可用核辐射密度计和电动闸门以及相应的电控系统，对管道内的煤浆密（浓）度进行连续、快速和准确的测量并控制闸门，达到根据需要合理排放。

6.2.2　离心场中的分级设备

6.2.2.1　水力旋流器

水力旋流器所用的基本分离原理为离心沉降，即悬浮颗粒受回转流作用所产生的离心力而进行沉降分级。但与分离原理相同的离心机不同，本身没有运动部件，其离心力是由流体本身运动造成的。

A　结构

水力旋流器主要由一个空心圆筒体和空心圆锥体两部分连接组成。圆筒体的周壁上装有给矿管，顶部装有溢流管，圆锥体的下面连接排矿口。其结构简图见图6-10。水力旋流器的构造简单，体积小。最小的旋流器，直径仅50mm，最大的直径达2m，常用的为125～500mm直径的旋流器。

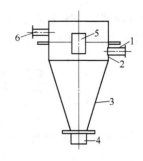

图6-10　水力旋流器简图

1—给料管；2—圆筒部分；3—圆锥部分；
4—底流口；5—中心溢流管；6—溢流排出口

B　水力旋流器分级原理

矿浆在一定压力下通过切向进料口给入旋流器，于是在旋流器内形成一个回转流。在旋流器中心处矿浆回转速度达到最大，因而产生的离心力亦最大。矿浆向周围扩展运动的结果，在中心轴周围形成了一个低压带。此时通过沉砂口吸入空气，而在中心轴处形成一低压空气柱。

作用于旋流器内矿粒上的离心力与矿粒的质量成正比，因而在矿粒密度接近时便可按粒度大小分级（密度不同则得到的是等降颗粒）。

矿浆在旋流器内既有切向回转运动，又有向内的径向运动，而靠近中心的矿浆又沿轴向上（溢流管）运动，外围矿浆则主要向下（沉砂口）运动。所以它属于三维空间运动。在轴向，矿浆存在一个方向转变的零速点，连接各点在空间构成一近似锥形的面，称作零速包络面（见图6-11）。细小颗粒离心沉降速度小，被向心的液流推动进入零速包络面由溢流管排出成为溢流产物；而较粗颗粒则借较大离心力作用，保留在零速包络面外，最后由沉砂口排出成为沉砂产物。零速包络面的位置大致决定了分级粒度。

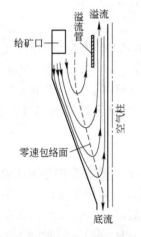

图6-11　水力旋流器分级原理示意图

C　影响水力旋流器工作的因素

影响水力旋流器工作的因素包括结构参数、操作条件和物料性质等。

a　直径D对旋流器工作的影响

直径D主要影响处理能力和粒度，两者均随直径增加而增大，因此，分离粒度较细时，应选用小直径的旋流器。但在处理量相同时，大直径的水力旋流器比小直径水力旋流器组使用简单可靠，不易堵塞。如能取得相同工艺指标，则应该选用大直径的水力旋流器。

除考虑处理能力和分离粒度外，选择水力旋流器直径时，还应考虑给矿中物料的粒度特性。如物料中接近分离粒度含量较少、矿浆浓度较低时，可选用大直径水力旋流器。当矿浆中细泥含量较大、浓度较高时，宜选用中等直径和小直径的水力旋流器。

b　给矿管直径d_G对旋流器工作的影响

给矿口的大小对处理能力、分离粒度以及分级效率均有一定影响。其直径常与旋流器直径呈一定比例，大多$d_G = (0.08 \sim 0.25)D$。给矿口的横断面形状以矩形为好。而纵断面常为图6-12a所示的切线形。由于这种进料方式易使矿浆在进入旋流器时与器壁冲击产生局部旋涡影响分级效率。因此出现了如图6-12b的渐开线形及其他形式的给矿管。

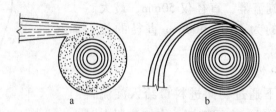

图 6-12 切线形及渐开线形给矿管
a—切线形；b—渐开线形

c 溢流管直径 d_y 对旋流器工作的影响

溢流管大小应与旋流器直径呈一定比例，一般为 $d_y = (0.2 \sim 0.4) D$。增大溢流管直径，溢流量增加，溢流粒度变粗，沉砂中细粒级减少，沉砂浓度增加。

d 沉砂口直径 d_C 对旋流器工作的影响

沉砂口直径常与溢流口直径呈一定比例关系，其比值 d_y/d_C 称为角锥比。试验得出，角锥比值以 3~4 为宜，它是改变分级粒度的有效手段。沉砂口是旋流器中最易磨损的零件，常因磨损而增大排出口面积，使沉砂产量增加，沉砂浓度降低。如果沉砂口过小，粗颗粒在锥顶越积越多，会引起沉砂口堵塞。沉砂口大小的变化对旋流器处理能力影响不大。

e 锥角对旋流器工作的影响

锥角大小影响矿浆向下流动的阻力和分级自由面的高度。一般说来细分级或脱水用旋流器应采用较小的锥角，最小达 10°~15°；粗分级或浓缩用旋流器采用大锥角，达 20°~45°。

旋流器圆柱体高度 h 主要影响物料在旋流器中的停留时间，一般取 $h = (0.6 \sim 1.0) D$。溢流管插入深度 h_Y，大体接近圆柱高度，为 $(0.7 \sim 0.8) h$，过长或过短均将引起溢流跑粗。

f 给矿压力对旋流器工作的影响

给矿压力是旋流器工作的重要参数，提高给矿压力，矿浆流速增大，可以提高分级效率和沉砂浓度；通过增大压力来降低分级粒度收效是甚微的，而动能消耗却将大幅度增加，且旋流器特别是沉砂口的磨损将更严重。故在处理粗粒物料时，应尽可能采用低压力 (0.05~0.1 MPa) 操作；只有在处理细粒及泥质物料时，才采用较高压力 (0.1~0.3 MPa) 操作。

旋流器的给矿主要有两种方式：

(1) 稳压箱给矿。借高差用管道自流给入旋流器或用砂泵将矿浆扬送到高处稳压箱中再引入旋流器。这种给矿受高差条件限制，只能在低压给矿时使用。

(2) 砂泵直接给矿。这种给矿方式可获得较高的给矿压力，配置方便，管路少，便于维护，因此使用广泛。

g 给矿性质对旋流器工作的影响

其中最主要的是给矿粒度组成（包括含泥量）和给矿浓度。给矿粒度组成和对产物的粒度要求影响选用的旋流器直径和给矿压力。当旋流器尺寸及压力一定时，给矿浓度对溢流粒度及分级效率有重要影响。给矿浓度高，分级粒度变粗，分级效率也将降低。当分级粒度为 0.074mm 时，给矿浓度以 10%~20% 为宜；分级粒度为 0.019mm 时，给矿浓度应取 5%~10%。

用于分级的旋流器最佳工作状态应是沉砂呈伞状喷出，伞的中心有不大的空气吸入口。这样使空气在向上流动时能携带内层矿浆中的细颗粒从溢流中排出，因而有利于提高分级效率。此时伞的锥角应如图 6-13 所示大小。如旋流器用于浓缩时可取绳状排出，此时沉砂浓度最高。而在用于脱水时，沉砂应以最大角度的伞状排出，这时沉砂浓度最低，相应可获得含固体量最少的溢流。

图 6-13　旋流器底流不同排出状况示意图
1—伞状；2—绳状（底流口很小）；
3—大锥角伞状（底流口很大）

6.2.2.2　电磁振动旋流筛

电磁振动旋流筛构造如图 6-14 所示。该筛的外壳由钢板焊制而成，上、下壳体用螺栓连接。其主要工作部件是导向筛和锥形筛。导向筛固定不动，筛面向外倾斜 15°，由三块或四块筛板组成，可根据磨损情况及时进行更换。锥形筛支撑在外壳下部四个支柱橡胶弹簧上。圆形防水电磁振动器与锥形筛下部底盘用螺栓固定，振动时使锥形筛面沿垂直方向上下振动。

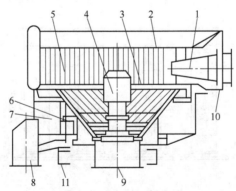

图 6-14　电磁振动旋流筛
1—喷嘴；2—导向槽；3—锥形筛；4—电磁振动器；5—导向筛；6—橡胶弹簧；7—壳体；
8—滤液出口；9—固体物料出口；10—固液混合物入口；11—支撑架

锥形筛的外形是倒圆台形，筛面与竖向呈 45°角，筛条上部是竖向布置，下部是圆环状水平排列，且筛缝比上部宽 50%，这主要是由于物料运动到下部时，已经脱除了一部分水，使物料的浓度增高，阻力加大，横向布置筛条有利于物料的运输。另外，浓度增大后，其运动速度变小，透筛几率降低，为保证同一分级粒度，加大了筛缝的宽度。

旋流筛工作时，将固液混合物料用定压箱或泵导入旋流筛喷嘴，物料经喷嘴沿切线方向进入导向筛。在离心力、摩擦力及物料重力的联合作用下，混合物料由直线运动转变为沿筛壁呈螺旋式下降的旋流运动。大颗粒物料因为质量大，受的离心力也大，贴着导向筛及锥形筛网旋转形成外物料层。含有细颗粒的液流形成内层，而外层和内层都分别作螺旋式的向下流动。

在沿筛网的纵向旋流运动中，外层大颗粒物料受的摩擦阻力大，因而旋流速度低（切向运动速度小），向下螺旋坡度大（即纵向运动速度大）；而内层含液体较多，物料颗粒小，密度小，受的摩擦阻力小，因而旋流速度高（即切向运动速度大），向下螺旋坡度小（即纵向运动速度小）。因此，由于切向运动速度和纵向运动速度各自大小的不同，造成合成运动的明显差异，从而使内层液体与外层物料错开。含有小颗粒固体（或高灰细泥）的内层液体透过粗粒固体间隙和筛缝排出，外层的大颗粒筛上物经锥形筛底部排出。

电磁振动旋流筛主要应用于选煤厂粗煤泥的预先脱水、脱泥、分级等粗煤泥回收作业。允许入料粒度为 0～13mm。在用于水力分级作业时，它可代替斗子捞坑。

旋流筛的主要缺点是筛网（特别是导向筛网）使用寿命较短。可以通过调整入料的方向，使混合物料在导向筛网内做左旋或右旋运动，增加筛网的使用寿命。

6.3 沉降浓缩原理

6.3.1 沉降试验

进行沉降试验的目的是确定矿浆在设备中的停留时间，并以此决定分级、浓缩设备所需面积。沉降试验可采用带刻度的量筒进行。

该法是将一定浓度的煤泥水装在量筒中，经过均匀搅拌、静止放置，然后进行观察。其沉降过程见图 6-15。

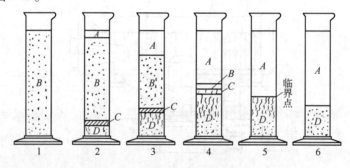

图 6-15　量筒沉降过程

A—澄清区；B—沉降区；C—过渡区；D—压缩区

在沉降开始时，整个悬浮液浓度均匀，如图 6-15 中的量筒 1。沉降开始后，悬浮液中的固体颗粒以其沉降末速进行下沉，颗粒越大沉降越快，并逐渐堆积在容器底部，因此，底部悬浮固体密度增大，如量筒 2 中的 D 区，称为压缩区。同时，量筒的上部出现澄清液，如量筒 2 中的 A 区，称为澄清区。澄清区的下部是沉降区，如量筒区 1、2 中的 B 区。该区的浓度和开始沉降时的悬浮浓度相同。沉降区和压缩区之间没有明显的界线，中间存在一个过渡区，如图中的 C 区。随沉降时间的增长，A 区和 D 区均逐渐增加，B 区则逐渐减小，直到消失。B 区消失后，过渡区 C 也随之消失，只剩下澄清区 A 和压缩区 D，如量筒 5 所示。沉降区和过渡区消失后，在一段时间内，压缩区的煤泥由于重力挤压作用，其高度还在继续减小，澄清区继续扩大。B 区消失的点称为临界点。

6.3.2　沉降曲线

根据沉降试验，每隔一定的时间，记录观察到的澄清区 A 和沉降区 B 的交界面位置及相应的时间。以沉降时间为横坐标、澄清区的高度为纵坐标，作出沉降时间与澄清区高度的关系曲线，如图 6-16 所示，称为沉降曲线。

整个沉降曲线由三段组成。第一段和第三段为直线，中间段为圆滑曲线。

曲线的第一段，表示澄清水面的下降速度。该段为直线，而且斜率较大，显示澄清水层以较高的速度下降，如图 6-16 中的 AB 段。以后曲线的斜率减小，并且是个渐变的过程，曲线呈弯曲状，如 BC 段。表明悬浮液体积减小，浓度增加，对界面的下降起到减速作用，使界面下降速度减缓。第三段为斜率很小的直线段。表明此时浓度已经很高，颗粒之间互相接触，属于沉淀物的压缩阶段。

AB 段 CD 段延长线夹角的分角线与曲线的交点 P 为临界点。在临界点到达以前，即沉降时间小于 t_1，此时与澄清区交界的是沉降区。矿浆的澄清速度由沉降区的沉降速度决定。接近 t_1，沉降区很快消失，沉降速度减缓。沉降时间大于 t_1，即达到临界点以后，与澄清区交界的则是压缩区，矿浆的澄清速度由压缩区的沉降速度决定。但沉降区消失的瞬间压缩区的致密程度稍差，空隙较多。所以压缩区沉降速度变化较快，曲线仍成弯曲状态。

线段 AB 和 CD 的斜率分别代表矿浆在沉降区和压缩区的沉降速度。而且，矿浆在沉降区的沉降速度要比压缩区的沉降速度大得多。

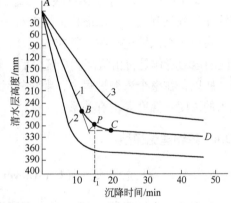

图 6-16　沉降曲线
1—煤泥水浓度 25g/L；2—煤泥水浓度 10g/L；
3—煤泥水浓度 50g/L

实际生产上应用的分级、沉淀浓缩设备都是连续的沉降过程。矿浆连续进入设备，并连续不断以产品形式排出。因而，沉降区总是存在的，矿浆的澄清速度可由沉降区的沉降速度计算。

根据澄清层的高度，可以计算出混浊层的高度，从而确定矿浆经过一定沉降时间后，可能得到的沉淀产物的平均浓度。因此，根据沉降时间决定了沉淀产物的浓度，也即矿浆在设备中的停留时间决定了沉淀产物的浓度。

煤泥水中悬浮固体的浓度对沉降速度有很大影响。浓度降低时，可提高颗粒在煤泥水中的沉降速度，如图 6-16 中的曲线 2。随着浓度增加，其沉降速度明显降低，如图 6-16 中的曲线 3。

6.3.3　浓缩机的沉降过程

浓缩机是一种利用煤泥水中固体颗粒自然沉淀的原理，来完成对煤泥水进行连续浓缩的设备。煤泥水在浓缩池中进行沉淀的过程，通常，可分为 5 个区，如图 6-17 所示。

A 区为澄清水区，得到的澄清水经过该区从溢流堰中排出，称为浓缩机的溢流产物。

B 区为自由沉降区，亦称悬浮沉降区。需要浓缩的煤泥水首先进入该区，颗粒依靠自

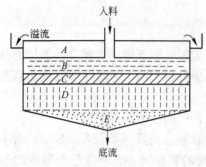

图 6-17　浓缩机的浓缩过程

重迅速下沉，进入压缩区。

D 区为压缩区。在该区中，矿浆中的固体颗粒已成为紧密接触的絮团，絮团继续下沉，但其速度已缓慢。

压缩区下面，便是浓缩区 E。由于该区有刮板运输，使之形成一个锥形表面，浓缩物由于刮板的压力，使水分渗透出，进一步提高浓度。最终由浓缩机的底流口排出，称为浓缩机的底流产品。

在自由沉降区与压缩区中，有一过渡区 C。在该区中，部分颗粒由于自重作用下沉，部分颗粒受到密集颗粒的阻碍，不能进行沉降，形成了介于 B、D 之间的过渡区。

这 5 个区中，B、C、D 反映了浓缩的过程，A、E 两区是浓缩的结果，即产物区。为使浓缩过程顺利进行，浓缩机池体需有一定深度，该深度应包括 5 个区各自的高度。

在煤泥水浓缩过程中，颗粒的运动是复杂的。由于入料的浓缩比较低，因此将颗粒在 B 区的运动看作是自由沉降。C 区以后，煤泥水的浓度逐渐增大，颗粒的运动成为干扰沉降。所以，在整个浓缩过程中，颗粒的运动速度在变化着，与其中煤泥的粒度、密度、煤泥水的浓度、温度等均有关系。

6.3.4　浓缩理论模型

6.3.4.1　科-克莱文杰（Coe-Clevenger）静态沉降模型

模型的中心论点是：（1）自由沉降区的浓度通常等于进入浓缩机的悬浮液的初始浓度；（2）在自由沉降区内颗粒呈群体以相同速度沉降，称为区域沉降，以区别于两向流中固体颗粒的自由沉降；（3）区域沉降的特点是在该区内每一个截面均以同一速度下降，同一层的颗粒也以同一速度下降，而且各层均相同；（4）悬浮液在自由沉降区的这种沉降速度只是该区浓度 c 的函数，而与颗粒大小、密度无关。即：

$$u = f(c)$$

固体流量，是指单位面积上通过的固体速率，即单位时间通过的固体物的量。

对于任一水平面上固体向下流动的流量，科-克莱文杰导出了如下公式：

$$G = \frac{u}{\dfrac{1}{c} - \dfrac{1}{c_u}} \tag{6-17}$$

式中　G——任一水平面上颗粒向下流动的固体流量；

　　　c——该水平层固体颗粒的浓度；

　　　u——对应浓度的固体颗粒的沉降速度；

　　　c_u——浓缩机底流中固体颗粒的浓度。

由式（6-17）可见，固体颗粒向下流动的量，除与通过水平层的固体浓度有关外，还与底流的排放浓度有关。对于浓度较低的自由沉降区，底流排放浓度的影响可以忽略，则式（6-17）可写成：

$$G = uc \tag{6-18}$$

6.3.4.2 凯奇（Kynch）第三定理

上面所述方法，需要对不同煤泥水浓度做许多试验，才能得到不同浓度的沉降速度。凯奇从 $u=f(c)$ 这个基本假设出发，利用连续性研究手段得出，只用一个单元试验，便可得到浓缩机所有区域的沉降数据。

如图6-18中所示，在沉降试验中相应于浓缩机中速度限制层的浓度为 c，其中固体颗粒相对于筒壁的沉降速度为 u。由于是速度限制层，下部高浓度物料有一向上的传播速度 u_u，此层中固体颗粒相对于该层的沉降速度为 $u+u_u$。因为，速度是渐变的，在该层的上一层浓度为 $c-dc$，上层固体颗粒相对于筒壁的

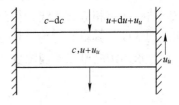

图6-18 浓缩机中沉降速度分析简图

沉降速度为 $u+du$，相对于速度限制层的速度则为 $u+du+u_u$。假定，这一层固体颗粒的浓度不变，并从上层进入该层，再从该层排出，其物料平衡关系为：

$$(c-dc)(u+du+u_u)F = c(u+u_u)F \tag{6-19}$$

式中　F——垂直于固体物料流的面积，m^2。

由式（6-19）可得到：

$$u_u = c\frac{du}{dc} - u - du \tag{6-20}$$

由于 du 项很小，将其忽略，得：

$$u_u = c\frac{du}{dc} - u \tag{6-21}$$

根据 $u=f(c)$ 的关系，$du/dc=f'(c)$，式（6-21）可写成：

$$u_u = cf'(c) - f(c) \tag{6-22}$$

因为这一层浓度 c 是常数，故 $f'(c)$、$f(c)$ 及 u_u 均为常数。

设沉降试验中矿浆的初始浓度和高度分别为 c_0、H_0，若 F 为量筒的横断面面积，则矿浆中固体的总重量为 c_0H_0F。沉降过程中如果有速度限制层存在，开始时首先在底部形成，然后逐步向上推移，达到界面所需时间为 t，该层的浓度假设为 c，则从该层通过的固体量为 $cFt(u+u_u)$，该量应等于全部的固体量，即：

$$cFt(u+u_u) = c_0H_0F \tag{6-23}$$

如果在 t 时的界面高度为 H，u_u 又是常数，则有：

$$u_u = \frac{H}{t} \tag{6-24}$$

将上式代入式（6-23），并简化后得：

$$c = \frac{c_0H_0}{H+ut} \tag{6-25}$$

将实验结果绘制成沉降曲线，通过曲线上 c 点作切线与纵坐标相交于 H_i，见图6-19，该点切线的斜率，即为固体对筒壁的沉降速度 u，则：

$$u = \frac{H_i - H}{t} \tag{6-26}$$

或 $$H_i = H + ut \tag{6-27}$$

将式（6-25）中的 $H + ut$ 以 H_i 代入得：

$$cH_i = c_0 H_0 \tag{6-28}$$

或 $$c = c_0 H_0 / H_i \tag{6-29}$$

式（6-28）、式（6-29）即为凯奇第三定理的表达式。该式可推广到任意选择的时间，对沉降曲线作出相应的切线，得到该切线的斜率和截距，利用已知的初始浓度和高度计算出相应的浓度，其斜率即为沉降速度。并可继而绘出沉降速度与浓度关系曲线，见图6-20，用以求出浓缩机在不同浓度下的单位浓缩面积 f：

$$f = \frac{c_u - c}{c_u \cdot c \cdot u} \tag{6-30}$$

式中 c_u——浓缩产品浓缩，即底流浓度。

因此，利用 u-c 曲线，在不同矿浆浓度 c 时求出不同的 f 值，选浓缩机面积时应选用最大的 f 值。

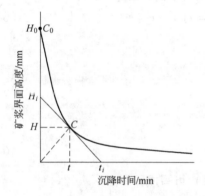

图 6-19 凯奇第三定理关系图

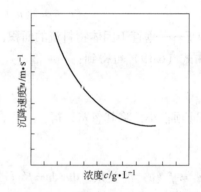

图 6-20 沉降速度与浓度关系曲线

6.3.5 浓缩机的计算

浓缩机的计算包括深度计算和面积计算。

6.3.5.1 浓缩机的深度

浓缩机的深度应该是前面所述5个区高度的总和，但过渡区一般不单独考虑。底流排出矿浆浓度的大小与矿浆在池内停留时间有关，停留时间越长，所得底流浓度越高。而停留时间又与浓缩机的深度有关。

$$H = H_1 + H_2 + H_3 + H_4 \tag{6-31}$$

式中 H——浓缩机总高度，m；

H_1——澄清区高度，m；

H_2——自由沉降区高度，m；

H_3——压缩区高度，m；

H_4——浓缩物区（亦称刮板运动区）高度，m。

澄清区的高度，为了保证得到清净的溢流水，常保持在 0.5 ~ 0.8m 左右。自由沉降区的高度可由实验确定，一般在 $0.3 \sim 0.6\text{m}$ 之间。压缩区高度可由实验和计算确定。首先，在实验室中测定煤浆浓缩至规定浓度所需的时间 t。矿浆在浓缩机中所停留的时间，应当与浓缩所需时间相等，也即与通过压缩区高度所需时间相等。当从底流口排出 1t 干煤泥时，排出的浓缩物体积应为：

$$V = \frac{1}{\delta} + R = \frac{1 + \delta R}{\delta} \tag{6-32}$$

式中 R ——矿浆在压缩区中的平衡液固比；

$\quad\ \ \delta$ ——煤的密度，t/m^3。

$$H_3 = \frac{Vt}{f} = \frac{(1 + \delta R)t}{\delta f} \tag{6-33}$$

式中 t ——试验测定的浓缩至规定浓度所需时间，h；

$\quad\ \ f$ ——沉淀 1t 煤泥所需浓缩机面积，$\text{m}^2/(\text{t}\cdot\text{h})$，$f$ 值见表 6-2。

压缩物区高度可由下式求得：

$$H_4 = \frac{D}{2}\tan\alpha \tag{6-34}$$

式中 D ——浓缩机直径，m；

$\quad\ \ \alpha$ ——浓缩机底部倾角，(°)。

表 6-2 煤泥沉淀所需沉淀面积

入料煤泥中的液固比	沉淀 1t 煤泥所需的澄清面积 $/\text{m}^2\cdot(\text{t}\cdot\text{h})^{-1}$											
	当沉淀的煤泥粒度 $>0.05\text{mm}$ 时 浓缩物的液固比 $/\text{m}^3\cdot\text{t}^{-1}$						当沉淀的煤泥粒度 $>0.1\text{mm}$ 时 浓缩物的液固比 $/\text{m}^3\cdot\text{t}^{-1}$					
R	8	6	5	4	3	2	8	6	5	4	3	2
25	17.5	19.6	20.6	21.6	22.7	23.7	4.4	4.9	5.2	5.4	5.7	5.9
20	12.6	14.7	15.8	16.8	17.9	19.0	3.2	3.7	4.0	4.2	4.5	4.8
15	10.0	11.1	12.2	13.3	14.4	15.6	1.95	2.5	2.8	3.1	3.35	3.6
12	4.7	7.0	8.1	9.35	10.5	11.7	1.2	1.75	2.06	2.3	2.6	2.9
10	2.5	4.95	6.2	7.4	8.65	9.9	0.6	1.2	1.5	1.85	2.15	2.5
9	1.3	3.85	6.15	6.4	7.7	9.0	0.3	1.0	1.3	1.6	1.95	2.25
8		2.7	4.0	5.4	6.7	8.05		0.7	1.0	1.35	1.7	2.0
7		1.45	2.85	4.8	5.7	7.15		0.35	0.7	1.1	1.45	1.8
6			1.6	3.15	4.7	6.6			0.4	0.8	1.2	1.6
5				1.8	3.7	5.5				0.45	0.9	1.4
4					2.45	4.9					0.6	1.2

浓缩所需时间 t 系指煤浆沉淀到临界点后，从临界点开始到所需要浓度时的时间。可通过实验求得。

选煤厂的浓缩机深度，一般不需计算，都已定型。

6.3.5.2 浓缩机面积计算

浓缩机面积常根据处理量确定。浓缩机属于自然沉降设备，可以利用计算沉淀设备面积的公式。其沉降速度可由沉降实验测得。但目前选煤厂设计中，浓缩机所需面积 F，按下式计算：

$$F = fG \tag{6-35}$$

式中　G——浓缩机入料中的煤泥吨数，t/h；

　　　f——同式（6-33）。

浓缩机在选煤厂常用于浓缩作业和澄清作业，入料煤泥粒度小于 0.5mm。因此，所需面积通常较大。底流浓度可达 300～450g/L，如需要，还可以继续提高。但底流浓度过高，容易造成压耙事故。

6.4 常用的浓缩设备

6.4.1 沉淀塔

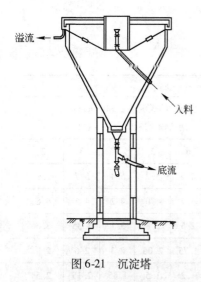

溢流

入料

底流

图 6-21　沉淀塔

沉淀塔是一种高度较大、直径较小（通常直径在 12m 左右）的倒立圆锥形水塔式浓缩澄清设备，用钢筋混凝土浇制，锥角 60°，塔高可达 20m，如图 6-21 所示。中心入料，周边溢流，底流通过锥体底部的自重阀门排放。沉淀塔主要用于循环水的浓缩和澄清，由于塔身较高，其溢流水可直接进入跳汰机，而不用定压水箱。该设备由于处理量较小，逐渐被其他浓缩设备取代。

6.4.2 耙式浓缩机

耙式浓缩机通常可分为中心传动式和周边传动式两大类，构造大致相同，都是由池体、耙架、传动装置、给料装置、排料装置、安全信号及耙架提升装置组成。

浓缩机的池体一般用水泥制成，小型号的可用钢板焊制，为了便于运输物料，底部有 6°～12°的倾角；与池底距离最近的是耙架，耙架下有刮板；浓缩机的给料一般是先由给料溜槽把矿浆给入池中的中心受料筒，而后再向四周辐射；矿浆中的固体颗粒逐渐浓缩沉降到底部，并由耙架下的刮板刮入池底中心的圆锥形卸料斗中，再用砂泵排出；池体的上部周边设有环形溢流槽，最终的澄清水由环形溢流槽排出；当给料量过多或沉积物浓度过大时，安全装置发出信号，通过人工手动或自动提耙装置将耙架提起，以免烧坏电机或损坏机件。

（1）中心传动耙式浓缩机。大型中心传动耙式浓缩机的结构见图 6-22。其耙臂由中心桁架支承，桁架和传动装置置于钢结构或钢筋混凝土结构的中心柱上。由电动机带动的蜗轮减速机的输出轴上安有齿轮，它和内齿圈啮合，内齿圈和稳流筒连在一起，通过它带动中心旋转架（如图 6-22b 中点线示意）绕中心柱旋转，再带动耙架旋转。可以把一对较长的耙架的横断面做成三角形，三角形的斜边两端用铰链和旋转架连接，因为是铰链连接，耙架便可绕三角形斜边转动,当发生淤耙时,耙架受到的阻力增大,通过铰链的作用,可以使耙架向上向后提起。大型中心传动浓缩机的国产规格为 16m、20m、30m、40m 和 53m,已有直径达 100m 的产品,国外已达 183m。

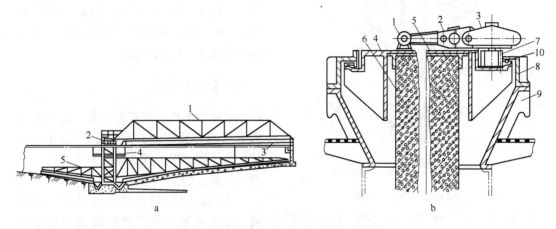

图 6-22　大型中心传动耙式浓缩机结构图
a:1—桁架;2—传动装置;3—溜槽;4—给料井;5—耙架
b:1—电动机;2—减速器;3—蜗轮减速器;4—底座;5—座盖;6—混凝土支柱;
7—齿轮;8—内齿圈;9—稳流筒;10—滚球

（2）周边传动耙式浓缩机。周边传动耙式浓缩机的构造如图 6-23 所示。池中心有一个钢筋混凝土支柱,耙架一端借助于特殊轴承置于中心支柱上,其另一端与传动小车相连接,小车上的辊轮由固定在小车上的电机经减速器、齿轮齿条传动装置驱动,使其在轨道上滚动,带动耙架回转。为了向电机供电,在中心支柱上装有环形接点,而沿环滑动的集电接点则与耙架相连,将电流引入电机。

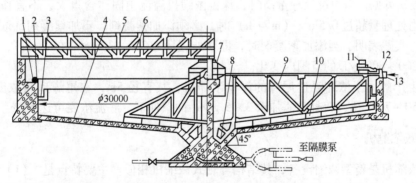

图 6-23　周边传动耙式浓缩机结构
1—齿条;2—轨道;3—溢流槽;4—浓缩池;5—托架;6—给料槽;7—集电装置;
8—卸料口;9—耙架;10—刮板;11—传动小车;12—辊轮;13—齿轮

借助于辊轮和轨道间的摩擦力而传动的浓缩机,不需设特殊的安全装置,因为当耙架所受阻力过大时,辊轮会自动打滑,耙子就停止前进。但这种周边传动的浓缩机仅适用于较小规格,而且不适用于冻冰的北方。在直径较大的周边传动浓缩机上,与轨道并列安装有固定齿条,传动装置的齿轮减速器上有一小齿轮与齿条啮合,带动小车运转。在这种浓

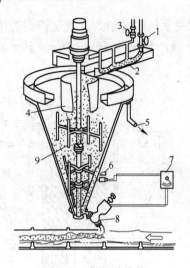

图 6-24　深锥浓缩机

1—入料调节器；2—给料槽；3—药剂调节阀；4—稳流管；
5—溢流管；6—测压单元；7—排料调节器；
8—排料阀；9—搅拌器

缩机上要设过负荷继电器来保护电动机和耙架。

我国生产的周边传动浓缩机的直径有 15m、18m、24m、30m、38m、45m 和 53m，并已生产出 100m 的浓缩机，但国外的最大直径已达 198m。

6.4.3　深锥浓缩机

深锥浓缩机的结构特点是其池深尺寸大于池的直径尺寸，如图 6-24 所示。整机呈立式桶锥形。深锥浓缩机工作时，一般要加絮凝剂。

煤泥水和絮凝剂的混合是深锥浓缩机工作的关键。为了使絮凝剂与矿浆均匀混合，理想的加药方式是连续的多点加药。

深锥浓缩机不加絮凝剂也可用于浓缩浮选尾煤，其浓缩结果见表 6-3。

表 6-3　深锥浓缩机不加絮凝剂处理浮选尾煤的效果

单位处理量/m³·(m²·h)⁻¹	溢流水中固体含量/g·L⁻¹	单位处理量/m³·(m²·h)⁻¹	溢流水中固体含量/g·L⁻¹
0.2~0.25	—	0.6	3~4
0.4	0.3~0.5	0.8~1	15~18

由表 6-3 可见，当单位处理量高时，深锥浓缩机溢流中固体含量大，不宜作循环水使用。所以当处理量超过 $0.5\text{m}^3/(\text{m}^2 \cdot \text{h})$ 时，必须添加絮凝剂。不加絮凝剂，浓缩产品的浓度较低。实践表明，当添加絮凝剂时，即使处理量为 $2.5 \sim 3.5\text{m}^3/(\text{m}^2 \cdot \text{h})$，底流固体含量也在 $200 \sim 800 \text{g/L}$ 的范围内变化。

我国生产的用于浓缩浮选尾煤的深锥浓缩机，其直径 5m，在尾煤入料浓度 30 g/L、入料量为 $50 \sim 70\text{m}^3/\text{h}$、絮凝剂添加量 $3 \sim 5 \text{g/m}^3$ 的条件下，底流浓度可达 55%。

6.4.4　高效浓缩机

高效浓缩机是新型浓缩设备，其结构与耙式浓缩机相似。主要特点是：（1）在待浓缩的物料中添加一定量的絮凝剂，使矿浆中的固体颗粒形成絮团或凝聚体，加快其沉降速度，提高浓缩效率；（2）给料筒向下延伸，将絮凝料浆送至沉积及澄清区界面下；（3）设有自动控制系统，控制药剂用量、底流浓度等。有资料报道，高效浓缩机的单位处理能力为常规耙式浓缩机的 4~9 倍，单位面积造价虽然较高，但按单位处理能力的投资来算，比常规浓缩机约低 30%。

高效浓缩机的种类很多。但主要区别还在于给料-混凝装置和自控方式。下面简要介绍艾姆科型高效浓缩机。见图 6-25。这种高效浓缩机的给料筒 4 内设有搅拌器，搅拌器由专门的调速电动机系统带动旋转，搅拌叶分为三段，叶径逐渐减小，使搅拌强度逐渐降低。料浆先给入排气系统 9，排出空气后经给料管 6 进入给料筒，絮凝剂则由絮凝剂给料管 3 分段给入筒内和料浆混合，混凝后的料浆由下部呈放射状的给料筒直接进入浓缩-沉积层上、中部，料浆絮团迅速沉降，液体则在浆体自重的液压力作用下向上经浓缩-沉积层过滤出来，形成澄清的溢流排出。

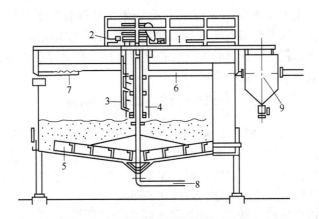

图 6-25　艾姆科型高效浓缩机结构图

1—耙架传动装置；2—混合器传动装置；3—絮凝剂给料管；4—给料筒；
5—耙臂；6—给料管；7—溢流槽；8—排料管；9—排气系统

6.5　分级浓缩效果评定

煤泥水分级浓缩作业是选煤厂生产工艺过程的中间作业，其工作效果的好坏，将影响其他作业的工作效果。由于分级、浓缩、澄清作业的工作原理基本相同，因此，其工作效果评定的内容也基本相同。但由于它们的工艺要求不同，故对其评定的侧重点也有所不同，对于分级作业应着重考查粒度的变化，而浓缩作业应着重分析浓度的变化。

6.5.1　定性分析

通过产品外观可以粗略进行评价。现场有经验的操作人员和深入现场的工程技术人员都有这方面的经验和能力，通过观察和手感判断分级设备溢流中是否有过粗粒，浓度是否符合要求，产物的大概灰分等。还可以通过小筛分资料进行分析。

（1）浓度。对分级、浓缩作业各产品都有一定的浓度要求，通过溢流、底流的浓度进行观察。对浓缩作业，底流浓度高、溢流浓度低，表示浓缩作业澄清效果好。但底流的具体浓度，需看实际生产的需要。浓缩机溢流作循环水，浓度越低越好，特别是尾煤浓缩更应如此。溢流浓度增高，由于高灰细泥悬浮在溢流水中，返回到分选作业，容易造成对水洗精煤和粗煤泥的污染。

（2）粒度。通过手感判断，也可从入料、溢流、底流三产品的小筛分资料分析产品的数量质量情况，初步估计作业的工作效果。斗子捞坑是回收合格的大于 0.5mm 的粗煤泥和细精煤的设备，斗子捞取物中大于 0.5mm 的量越多，说明已分选的合格物料回收越多，效果越好；小于 0.5mm 级物料在捞取物中的量，则应越少越好，否则脱泥筛中不易脱净，影响精煤质量。

6.5.2 评价指标

分级、浓缩作业，在实际工作过程中都不可避免地要产生一定的混杂，混杂程度越轻，说明工作效果越好。必须有具体指标，进行评价。

（1）分级效率。分级效率常用 η_f 表示。分级效率和筛分效率类似。不同的是筛分用筛孔控制粒度，而分级用调整煤泥水在容器中的停留时间控制粒度。它和筛分效率相同，要同时考虑产物中合格粒度的含量和非合格粒度的含量。底流可看作筛上物，溢流看作筛下物，因此，分级效率可用下式计算：

$$\eta_f = \frac{100(\beta - \alpha)(\alpha - \theta)}{\alpha(100 - \alpha)(\beta - \theta)} \times 100\% \tag{6-36}$$

式中 α，β，θ——分别为入料、溢流、底流中小于规定粒度的含量，%。

规定粒度一般由分级作业的工艺要求决定。分级设备的溢流，无论是浓缩浮选流程或直接浮选流程，最终都是浮选作业的入料，浮选入料的上限一般为 0.5mm，因此，规定粒度可结合分选作业下限一起考虑确定，常取 0.5mm。

分级效率也可以按下式计算：

$$\eta_f = \frac{\gamma_Y(\beta - \alpha)}{\alpha(100 - \alpha)} \times 100\% \tag{6-37}$$

式中 γ_Y——溢流产物的固体产率，%。

其他符号意义同式（5-36）。使用式（5-37）时，γ_Y 必须用粒度平衡法求得。

（2）浓缩效率。浓缩作业要求将煤泥水中的煤泥尽可能多地沉淀下来，溢流水中只应含有一些来不及下沉的颗粒。因此，底流中的固体回收率应该越高越好。因为不是按粒度进行分级，不能按粒度进行计算，需要按浓度进行计算。浓缩效率可用下式计算：

$$\eta_N = \frac{(C_G - C_Y)(C_G - C_D)}{C_G(100 - C_G)(C_Y - C_D)} \times 100\% \tag{6-38}$$

式中 C_G，C_Y，C_D——分别为给料、溢流、底流是固体重量百分比浓度，%；

η_N——浓缩效率，%。

浓缩效率也可用下式计算：

$$\eta_N = \frac{V_D(C_D - C_G)}{C_G(100 - C_G)} \times 100\% \tag{6-39}$$

式中 V_D——底流矿浆重量产率，%。

其他符号意义同式（6-38）。按要求底流矿浆重量产率应该用浓度平衡法求得。

（3）辅助指标。

1）通过粒度。通过粒度是指分级设备溢流中，固体物通过量为95%的标准筛筛孔直径。通过粒度越接近规定粒度越好，但不应大于规定粒度。

为了确定通过粒度，可对溢流产物做小筛分试验，作出粒度曲线，从曲线上查得。

2）底流固体回收率。底流固体回收率即底流固体产率。底流固体产率可用下式计算：

$$\varepsilon_D = \frac{C_D(C_G - C_Y)}{C_G(C_D - C_Y)} \times 100\% \tag{6-40}$$

式中 ε_D——底流回收率，%。

其他符号意义同式（6-38）。

7 ‖ 过 滤 原 理

7.1 概述

过滤是将悬浮在液体或气体中的固体颗粒分离出来的一种工艺。其基本原理是，在压强差作用下，悬浮液中的流体（气体或液体）透过可渗性介质（过滤介质），固体颗粒则为介质所截留，从而实现流体和固体的分离。本章仅涉及固液分离领域中的过滤过程。

实现过滤必须具备两个条件：

（1）具有实现分离过程所必需的设备（包括过滤介质）；

（2）在过滤介质两侧要保持一定的压力差（推动力）。

按照推动力的类型（重力、真空负压力、正压力、惯性离心力），常用的过滤方法可分为重力过滤、真空过滤、加压过滤和离心过滤。重力过滤的压强差由料浆液柱高度形成，真空过滤的推动力为真空源，加压过滤的压强由压缩机或压力泵提供。在工业生产中，可根据不同的滤料性质及对工艺指标的不同要求而采用不同的过滤方法。

从本质上看，过滤是多相流体通过多孔介质的流动过程，它有两个显著的特点：

（1）流体通过多孔介质的流动属于极慢流动，即渗流运动。（2）悬浮液中的固体粒子是连续不断地沉积在介质内部孔隙中或介质表面上，因而在过滤过程中，过滤阻力是不断增加的。

在实际操作中，过滤主要分为两大类，即滤饼过滤和深层过滤。

滤饼过滤应用表面过滤机。滤浆流向过滤介质时，大于或相近于过滤介质孔隙的固体颗粒先以架桥方式在介质表面形成初始层，其孔隙通道比过滤介质孔隙更小，能截留住更小的颗粒，因此其后沉积的固体颗粒便逐渐在初始层上形成一定厚度的滤饼（图7-1a）。在大多数情况下，滤饼厚度为4~20mm，个别情况下为1~2mm或40~50mm。滤饼的过滤阻力远较过滤介质大，因而对过滤速率起决定性的影响作用。

深层过滤（图7-1b）时，固体粒子被截留于介质内部的孔隙中。其过滤介质一般采用0.4~2.5mm的砂粒或其他多孔介质，料浆多自上而下流动，但有时自下而上的流动方式过滤效果更好。深层过滤的过滤速度一般为5~15m/h，其过滤阻力实质上即介质阻力。

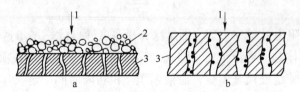

图7-1 两种不同的过滤方式

a—滤饼过滤；b—深层过滤

1—悬浮液；2—滤饼；3—过滤介质

在工业生产中，滤饼过滤通常处理浓度较高的悬浮液，其体积浓度常高于1%。因为浓度过低的悬浮液易使过滤介质堵塞而大大增加了过滤阻力。而深层过滤多从很稀的悬浮液（例如体积浓度低于0.1%）中分离出微细固体颗粒，故通常用于液体净化。如果在料浆中添加絮凝剂或多孔粒状助滤剂，一些低浓度的悬浮液也可采用滤饼过滤。显然，即便在最佳条件下，总会有一些颗粒滞留在过滤介质中形成堵塞，因此过滤过程中的介质清洗是一个不容忽视的环节。

在效率相近的情况下，深层过滤器的起始压强降一般比表面过滤机高，且随着所收集的颗粒增多，其压强降会逐渐增高，当 ΔP 增至最大允许值时，必须停止过滤，以清洗过滤介质。

比之其他固液分离手段，过滤较离心分离和热力干燥经济，但固相产品水分偏高；重力沉降和离心沉降浓缩较过滤简便易行，但分离效率很低。

近几十年来，过滤方法的应用范围迅速扩展，现已广泛地应用于化工、石油炼制、冶金工业、轻工、食品、纺织、医药、国防工业、环境保护等领域。例如，化工生产中重碱的脱水，合成氨生产过程中催化剂的脱水；轻工、食品工业中砂糖、酒精等产品及冶金矿业中选矿产品的脱水。随着环境保护的地位日益提高，三废治理也向过滤工艺提出了越来越高的要求，在这些过滤操作中，或获得了所需要的产品，或大幅度提高了某些产品质量。如采用现代技术精心进行的硅藻土过滤，可得到清亮的啤酒，其浊度低于0.6EBC，微生物含量也相当低（一般100mL中低于5个酵母细胞）。

7.2 流量速率与压力降的关系

7.2.1 清洁的过滤介质

在开始进行间歇式滤饼过滤时，因为在介质表面尚未形成滤饼，所以过滤介质本身受到全部压力降（即推动力）。由于过滤介质中的孔隙通常都很小，滤液的流速也很低，所以几乎总是处于层流条件下。

把黏度为 μ，滤液的流速为 Q，通过滤饼层厚度 L，滤饼层表面积 A 与推动力 Δp 等关联起来的达西（Darcy）过滤基本方程为：

$$Q = K \frac{A\Delta p}{\mu L} \tag{7-1}$$

式中 K 为与滤饼层渗透性有关的常数。式（7-1）通常写成下列形式：

$$Q = \frac{A\Delta p}{\mu R} \tag{7-2}$$

式中，R 为过滤介质阻力（等于 L/K，即过滤介质厚度除以滤饼层渗透性系数）。

如果被过滤的液体是一种澄清液，则式（7-1）和式（7-2）中各项参数均为常数，结果是压力降不变时，使滤液流量不变，滤液累积体积将随时间的延长作线性增加，如图6-2所示。

然而在间歇过滤中，凡是对含有颗粒的悬浮液进行过滤时，在过滤介质表面开始建立滤饼层，因此滤饼本身所占的压力降的比例也逐渐加大。其结果是促使滤层的阻力显著增加，导致过滤速率 Q 逐渐下降。表示滤液累积体积的速度将随时间的延长而逐渐缓慢下来，其关系曲线如图 7-2 所示。

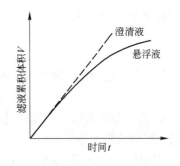

图 7-2 滤液累积体积与时间的关系

7.2.2 表面形成滤饼的过滤介质

根据上节所述，在推动压力保持恒定时，则液流的流量是时间的函数，因为滤液先后受到两个阻力，一个是过滤介质的阻力 R，可假定是一个常数；另一个是滤饼的阻力 R_c，R_c 随时间的延长而增大。

于是式（7-2）可写成：

$$Q = \frac{A\Delta p}{\mu(R + R_c)} \tag{7-3}$$

然而，实际上，当固体颗粒碰撞过滤介质时，因为过滤介质不可避免地会发生被固体颗粒穿透和孔隙被堵塞的现象，所以上述过滤介质阻力假定为一个常数则往往是不确切的。

假定滤饼的阻力与沉积的滤饼质量成正比（仅对不可压缩的滤饼而言），则

$$R_c = \alpha\omega \tag{7-4}$$

式中，ω 为单位面积上所沉积的滤饼质量（单位：kg/m^2），α 为滤饼比阻（单位：m/kg）。

将式（7-4）的 R_c 代入式（7-3）给出：

$$Q = \frac{\Delta p A}{\alpha\mu\omega + \mu R} \tag{7-5}$$

式（7-5）表示了过滤速率 Q 与压力降 Δp、沉积滤饼质量 ω，以及在某种情况下可认为是常数的其他参数的关系。现对这些参数扼要讨论。

（1）压力降。根据所使用的泵的特性和所使用的推动力，压力降可以是一个常数，或者随着时间而变化。如果随时间变化的话，则函数 $\Delta p = f(t)$ 一般是已知的。

（2）过滤介质的表面积。过滤介质的表面积 A 通常是一个常数。然而也有少数的情况例外。例如在使用管状过滤介质或在转鼓过滤机累积滤饼相当厚的那些过滤装置的情况下，其过滤介质的表面积 A 则是有所变化的。

（3）液体黏度。如果过滤过程中温度保持不变的流体是牛顿流体，则液体黏度 μ 是一个常数。

（4）滤饼比阻。不可压缩滤饼的滤饼比阻 α 应为一个常数。但是，由于滤饼在液流作用下变得密实，所以滤饼比阻 α 将随时间而变化；同样，在变速过滤情况下，由于可变的表观速度，滤饼比阻 α 也会随着时间而变化。

然而大多数的滤饼是可压缩的，并且滤饼比阻是随着滤饼两侧的压强 Δp_c 的变化而变化的。在此种情况下应以平均滤饼比阻 α_{av} 代替式（7-5）中的 α。如果从中间过滤试验，即弹形过滤机（bomb filter）试验中，或从使用压缩-渗透试验中已知函数 $\alpha = f(\Delta p_c)$，则

α_{av} 可按下列方程计算：

$$\frac{1}{\alpha_{av}} = \frac{1}{\Delta p_c} \int_0^{\Delta p_c} \frac{\mathrm{d}(\Delta p_c)}{a} \tag{7-6}$$

在一个限定的压力范围内，有时可以应用下列来自实验的经验公式：

$$\alpha = \alpha_0 (\Delta p_c)^n \tag{7-7}$$

式中 α_0 为单位压力降下的滤饼比阻，n 为由实验获得的压缩性指数（对于不可压缩物质来说，其指数等于零）。

使用式（7-7），可根据式（7-6）把平均滤饼比阻 α_{av} 表示为：

$$\alpha_{av} = (1 - n)\alpha_0 (\Delta p_c)^n \tag{7-8}$$

（5）单位面积上沉积滤饼的质量。在间歇过滤过程中，单位面积上沉积滤饼的质量 ω 是时间的函数。在时间 t 内，沉积滤饼质量 ω 与滤液累积体积 V 之间的关系曲线由下式表示：

$$\omega A = cV \tag{7-9}$$

式中 c 为悬浮液中所含固体的浓度（即单位滤液体积中固体的质量，kg/m^3）。这里未考虑被滤饼截留液体中的量，因为在多数情况下，这个量值是可以忽略的。

（6）过滤介质阻力。通常过滤介质阻力 R 应该是不变的。然而，由于一些固体颗粒进入过滤介质的结果，则会使过滤介质阻力 R 随着时间的变化而变化。并且有时由于过滤介质中纤维的可压缩性，所以过滤介质阻力 R 也会随所使用的压力而变化。

一台安装好的过滤机的总压力降不仅应包括过滤介质中的压力损失，还应包括有关管路，以及进口与出口的压力损失。因此，在实践中，应将这些附加的阻力包括在过滤介质阻力 R 值中去。

7.3　不可压缩滤饼的过滤

一般的过滤方程是把式（7-9）中的 ω（t）代入式（7-5）中，变成：

$$Q = \frac{\Delta p A}{\alpha \mu c (V/A) + \mu R} \tag{7-10}$$

因为滤液总的体积是滤液流速的积分函数：

$$Q = \frac{\mathrm{d}V}{\mathrm{d}t} \tag{7-11}$$

所以，式（7-11）可以重新写成更便于进一步处理的倒数形式（因此给出了单位体积滤液所需时间）：

$$\frac{\mathrm{d}t}{\mathrm{d}V} = \alpha \mu c \frac{V}{A^2 \Delta p} + \frac{\mu R}{A \Delta p} \tag{7-12}$$

为在数学上对上式进行简化，定义 a_1 和 b_1 两个常数：

$$a_1 = \alpha \mu c \tag{7-13}$$

如果 α、μ 和 c 是常数，则 a_1 是与进料悬浮液性质和悬浮固体性质有关的一个常数：

$$b_1 = \mu R \tag{7-14}$$

式中，b_1 为"滤布-滤液"常数。

于是，式（7-12）变成：

$$\frac{\mathrm{d}t}{\mathrm{d}V} = a_1 \frac{V}{A^2 \Delta p} + b_1 \frac{1}{A \Delta p} \tag{7-15}$$

7.3.1　恒压过滤

如果 Δp 是一个常数，则可对式（7-15）进行积分：

$$\int_0^t \mathrm{d}t = \frac{a_1}{A^2 \Delta p} \int_0^V V \mathrm{d}V + \frac{b_1}{A \Delta p} \int_0^V \mathrm{d}V \tag{7-16}$$

得到：

$$t = a_1 \frac{V^2}{2A^2 \Delta p} + b_1 \frac{V}{A \Delta p} \tag{7-17}$$

假定所有的常数都是已知数，利用式（7-17），则可以根据其他的变量，由 t 值计算 V 值，或由 V 值计算 t 值。

为了用实验方法确定 a 和 R 值，通常把式（7-17）改写成如下形式：

$$\frac{t}{V} = aV + b \tag{7-18}$$

式中，$a = \dfrac{a_1}{2A^2 \Delta p}$，$b = \dfrac{b_1}{A \Delta p}$。

如果以 t/V 对 V 作图（见图7-3），则可得出一条直线，当然，式（7-18）和图7-3仅适用于过滤操作一开始就一直应用给定压力降的那些情况。

为了防止固体穿透清洁的过滤介质污染滤液，并且保证滤饼沉积均匀，经常是在过滤开始时，应避免对清洁的过滤介质使用高度的起始流量速率。

因此，在进入恒压阶段之前，必须先进行一个压降从低值逐渐增加的阶段（这个阶段可能是一个接近恒速的阶段）。

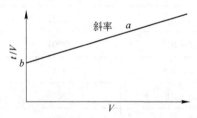

图7-3　在恒压过滤和不可压缩滤饼条件下，$\dfrac{t}{V}$-V 图

从实际恒压过滤阶段起始处的 t_s、V_s 点开始对式（7-16）进行积分，得到下列基本方程计算 α 和 R 值。

$$\frac{t - t_s}{V - V_s} = \frac{\alpha \mu c}{2A^2 \Delta p}(V + V_s) + \frac{\mu R}{A \Delta p} \tag{7-19}$$

现举下列说明计算 α 和 R 的实际方法。

【例题 7-1】　根据中间试验结果，计算滤饼比阻 α 和过滤介质阻力 R。

过滤试验是根据下列条件，在一台板框式压滤机上进行的：

固体颗粒：$\rho_n = 2710 \mathrm{kg/m^3}$

液　　体：水，20℃，$\mu = 0.001 \mathrm{N \cdot s/m^2}$

悬　浮　液：浓度 $c = 10 \mathrm{kg/m^3}$

过　滤　机：板框压滤机，1块板框，板框尺寸：430mm × 430mm × 30mm（由于滤板具有各种凹槽，因此滤饼的实际厚度要大于5mm）

当 $V = 0.56\text{m}^3$ 时，板框充满滤饼。

选与 3686s 相应的值 0.30m^3 作为恒压操作的起始点，即：

$$V_\text{s} = 0.3\text{m}^3, \ t_\text{s} = 3686\text{s}$$

从过滤试验中所得到的数据如表 7-1 所示，恒压过滤的压力为 $150.000\text{N}/\text{m}^2$，过滤起始阶段的压力由人工控制。试确定这一试验中的滤饼比阻 α 和过滤介质阻力 R。

解：用式（7-19）来计算常数 a 和 b：

$$\frac{t - t_\text{s}}{V - V_\text{s}} = a(V + V_\text{s}) + b$$

表 7-1   例题 7-1 过滤试验数据

$\Delta p/\text{Pa}$	t/s	V/m^3	$\dfrac{t - t_\text{s}}{V - V_\text{s}}$ （计算值）$/\text{s}\cdot\text{m}^{-3}$
0.4×10^5	447	0.04	12453
0.5×10^5	851	0.07	12326
0.7×10^5	1262	0.10	12120
0.8×10^5	1516	0.13	12765
1.1×10^5	1886	0.16	12857
1.3×10^5	2167	0.19	13809
1.3×10^5	2552	0.22	14176
1.3×10^5	2909	0.25	15540
1.5×10^5	3381	0.28	15250
1.5×10^5	3686	0.30	—
1.5×10^5	4043	0.32	17850
1.5×10^5	4398	0.34	17800
1.5×10^5	4793	0.36	18450
1.5×10^5	5190	0.38	18800
1.5×10^5	5652	0.40	19660
1.5×10^5	6117	0.42	20258
1.5×10^5	6610	0.44	20886
1.5×10^5	7100	0.46	21337
1.5×10^5	7608	0.48	21789
1.5×10^5	8136	0.50	22250
1.5×10^5	8680	0.52	22700
1.5×10^5	9256	0.54	23203

以（$t - t_s$）/（$V - V_s$）对 V 作图，如图 7-4 所示。
与恒压操作即 $V \geqslant V_s$（$V_s = 0.3\text{m}^3$）相应的那部分曲线是
一条很好的直线，测量这条直线的斜率（a），以及直线
在纵轴上的截距（$b + aV_s$）。

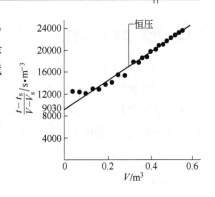

图 7-4　例题 7-1 的 t/V 图

所得的斜率为：

$$a = 26219\text{s}/\text{m}^6$$

截距为：

$$b + aV_s = 9030 \text{ s}/\text{m}^3$$

由上述斜率和截距可求得：

$$b = 9030 - 26219 \times 0.3 = 1164.3\text{s}/\text{m}^3$$

根据常数 a 和 b 的定义（式（7-13）、式（7-14）和式（7-18）），求得：

$$a = \frac{\alpha \mu c}{2A^2 \Delta p} \qquad b = \frac{\mu R}{A \Delta p}$$

由 a 和 b 值计算 α 和 R 值，取 $A = 0.43 \times 0.43 \times 2 = 0.37\text{m}^2$，$c = 10\text{kg}/\text{m}^3$ 悬浮液 $= 10/$
（$1 - 0.00369$）$= 10.037\text{kg}/\text{m}^3$ 滤液（10kg 固体所占的体积 $= 10/2710 = 0.00369\text{m}^3$）。

计算得出：

$$\alpha = \frac{2A^2 \Delta pa}{\mu c} = \frac{2 \times 0.13675 \times 1.5 \times 10^5 \times 26219}{0.001 \times 10.037}$$
$$= 1.069 \times 10^{11} \text{m}/\text{kg}$$

和

$$R = \frac{A \Delta pb}{\mu} = \frac{0.37 \times 1.5 \times 10^5 \times 1164.3}{0.001}$$
$$= 6.4619 \times 10^{10} \text{m}^{-1}$$

7.3.2　恒速过滤

如果使滤液流量 Q 保持不变而使压降 Δp 变化，则式（7-10）变成：

$$Q = \frac{\Delta p(t)A}{\alpha \mu c [V(t)/A] + \mu R} \tag{7-20}$$

式中 V 简化为：

$$V = Qt \tag{7-21}$$

因此：

$$\Delta p = \alpha \mu c \frac{Q^2}{A^2} t + \mu R \frac{Q}{A} \tag{7-22}$$

根据式（7-13）和式（7-14），a_1 和 b_1 的定义，上式可变为：

$$\Delta p = a_1 v^2 t + b_1 v \tag{7-23}$$

式中 v 为滤液的表观速度：

$$v = \frac{Q}{A} \tag{7-24}$$

当然，恒速过滤中 v 是一个常数，由式（7-23）得知 Δp 与 t 的关系曲线图为一直线，
如图 7-5 所示。

7.3.3 先恒速后恒压操作

在很多情况下，比如：在采用板框式压滤机或加压叶滤机来过滤由离心泵输送的悬浮液时，过滤的初期阶段是在接近恒速条件下进行的。当滤饼变得较厚并使液流阻力增大时，则由离心泵所提供的压力变成了一种限制性因素，此时的过滤操作是在近似恒压的条件下进行的。在此种复合操作中，Δp 与时间 t 的关系曲线如图 7-6 所示。其方程［见式（7-23）］为：

当 $t < t_s$ 时 $\qquad\qquad \Delta p = a_1 v^2 t + b_1 v$

当 $t \geq t_s$ 时 $\qquad\qquad \Delta p = \Delta p_s = 常数$
$\hfill (7\text{-}25)$

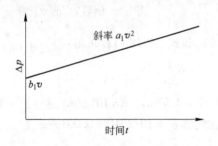

图 7-5 在恒速过滤与不可压缩
滤饼条件下，$\Delta p = f(t)$ 图

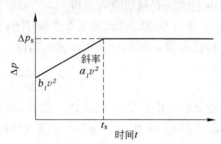

图 7-6 先恒速后恒压操作和不可压缩
滤饼条件下 $\Delta p = f(t)$ 图

此时的 $t/V\text{-}f(V)$ 的关系曲线如图 7-7 所示。

另一组方程［见式（7-21）］是：

当 $V \leq V_s$ 时 $\qquad\qquad V = Q_1 t$

当 $V > V_s$ 时 $\qquad\qquad \dfrac{t - t_s}{V - V_s} = a\,(V + V_s) + b$
$\hfill (7\text{-}26)$

此式与由式（7-15）积分所得到的式（7-19）相同，并与式（7-18）相似，式中 Q_1 为起始恒速操作阶段的滤液流量。V_s 和 t_s 的关系式为：

$$V_s = Q_1 t_s \qquad\qquad (7\text{-}27)$$

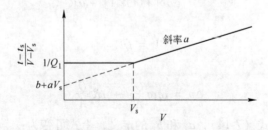

图 7-7 先恒速后恒压操作条件下 $t/V = f(V)$ 图

【例题 7-2】 过滤试验是在一块面积 $0.02\,\mathrm{m^2}$ 的滤布上进行的，以恒定速率加入悬浮液。每秒可生产滤液 $4 \times 10^{-5}\,\mathrm{m^3}$。试验数据表明，在 100s 以后压力降为 $4 \times 10^4\,\mathrm{Pa}$，500 s 以后，压力降为 $1.2 \times 10^5\,\mathrm{Pa}$。

现把相同的材料滤布应用在板框压滤机上，每个框的尺寸为 $0.5\,\mathrm{m} \times 0.5\,\mathrm{m} \times 0.08\,\mathrm{m}$，

过滤相同的悬浮液。在起始恒速过滤阶段中，单位滤布面积上悬浮液的流量与上述试验相同。当压力达到 $8 \times 10^4 \mathrm{Pa}$ 时，即进入恒压操作。如果每过滤 1 个单位体积的滤液所形成的滤饼体积 $V = 0.02$，试计算滤饼充满整个板框时所需的时间。

7.3.3.1 恒速阶段

在恒速阶段中，滤液的表观速度为：

$$v = \frac{Q'}{A} = \frac{4 \times 10^{-5}}{0.02} = 2 \times 10^{-3} \mathrm{m/s}$$

对上述试验和板框压滤机试验均取此值。

由于已知 Δp 和 t 这两个试验值，所以把 Δp 和 v 代入式（7-23）便可求出常数 a_1 和 b_1 值：

$$4 \times 10^4 = a_1 \times 4 \times 10^{-6} \times 100 + b_1 \times 2 \times 10^{-3}$$
$$12 \times 10^4 = a_1 \times 4 \times 10^{-6} \times 500 + b_1 \times 2 \times 10^{-3}$$

得

$$a_1 = 5 \times 10^7$$

和

$$b_1 = 10^7$$

因此 $\Delta p = 200t + 2 \times 10^4$（此式既适用于上述试验，也适用于压滤机试验）。通过此式并根据试验数据 $\Delta p_\mathrm{s} = 8 \times 10^4$ 便可确定 t_s 值。

$$8 \times 10^4 = 200 t_\mathrm{s} + 2 \times 10^4$$

因此

$$t_\mathrm{s} = 300 \mathrm{s}$$

现在可以绘出 $\Delta p = f(t)$ 与 t 的关系曲线，如图 7-8 所示。根据式（7-26）可以计算出在 300s 的时间内通过一块板框的滤液累积体积 V_s。

$$V_\mathrm{s} = Q/t_\mathrm{s} = v A t_\mathrm{s} = 2 \times 10^{-3} \times 0.5 \times 300 = 0.3 \mathrm{m}^3$$

所得出的滤饼层厚度 L_s 为

$$L_\mathrm{s} = v \frac{V_\mathrm{s}}{A} = 0.02 \times \frac{0.3}{0.5} = 0.012 \mathrm{m}$$

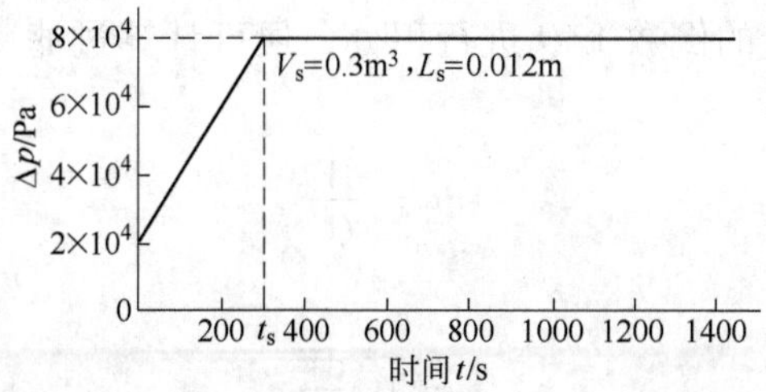

图 7-8　例题 7-2 的 $\Delta p = f(t)$ 图

7.3.3.2 恒压阶段

在整个复合过滤操作完成时，根据板框中最终滤饼的厚度 $L_\mathrm{f} = 0.04$ 来确定每个板框的最终总体积 V_f。

$$V_f = \frac{L_f A}{V} = \frac{0.04 \times 0.5}{0.02} = 1\,m^3$$

由式（7-19）可确定滤饼充满板框所需的时间，即复合操作所需的总时间：

$$t_f = t_s + \frac{a_1}{2A^2 \Delta p_s}\ (V_f^2 - V_s^2)\ + \frac{b_1}{A \Delta p_s}\ (V_f - V_s)$$

$$= 300 + \frac{5 \times 10^7}{2 \times 0.25 \times 8 \times 10^4} \times\ (1^2 - 0.3^2)\ + \frac{10^7}{0.50 \times 8 \times 10^4}\ (1 - 0.3)$$

$$= 300 + 1137.5 + 175 = 1612.5\,s$$

应该提出上述所确定的复合操作所需总时间证明与过滤面积无关。

比较 1612.5s 这个值与整个恒速操作中每过滤 $1\,m^3$ 滤液所需时间：

$$t = \frac{V}{Q} = \frac{V}{vA} = \frac{1}{2 \times 10^{-3} \times 0.5} = 1000\ s$$

这一复合操作中的 t/V 与 V 的关系曲线如图 7-9 所示。

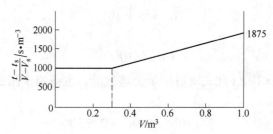

图 7-9　例题 7-2 $[(t-t_s)/(V-V_s)]-V$ 图

7.3.4　变压-变速操作

如果采用离心泵，则流量与压力降的关系如图 7-10 所示。

式（7-10）可以写成：

$$V = \frac{A}{\alpha \mu c}\left(\frac{\Delta p A}{Q} - \mu R\right) \tag{7-28}$$

式中，Δp 和 Q 与离心泵的特性有关。

对作为 V 函数的流量的倒数 $1/Q$ 进行积分，便可计算过滤 V 体积的滤液所需时间，因为：

$$dt = \frac{dV}{Q}$$

所以

$$t = \int_0^V \frac{dV}{Q} \tag{7-29}$$

下面给出一个计算例题，很好地说明了实际的计算方法。

【例题 7-3】　采用一台装有 25 块板框的压滤机，每块板框的尺寸为 $1\,m \times 1\,m \times 0.035\,m$，来过滤 $50\,m^3$ 与例题 7-1 中所述相同的悬浮液，试计算所需时间，滤饼比阻和过滤介质阻力取例题 7-1 中所获得的试验数据（采用的滤布也与例题 7-1 所用的相同）。泵的特性曲线如图 7-10 所示。

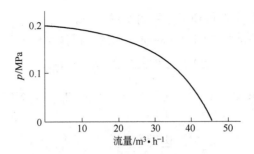

图 7-10 泵的特性曲线图

数据：

滤饼比阻	$\alpha = 1.069 \times 10^{11} \text{m/kg}$
过滤介质阻力	$R = 6.462 \times 10^{10} \text{m}$
黏度	$\mu = 0.001 \text{Pa} \cdot \text{s}$
浓度	$c = 10.037 \text{kg/m}^3$
过滤面积	$A = 1 \times 1 \times 2 \times 25 = 50 \text{m}^2$

解： 利用式（7-28），求出 $V = f(Q)$ 如下：

$$V = \frac{50}{1.069 \times 10^{11} \times 10^{-3} \times 10.037} \left(\frac{\Delta p}{Q} \times 50 - 10^{-3} \times 6.462 \times 10^{10} \right)$$

$$V = 2.32 \times 10^{-6} \left(\frac{\Delta p}{Q} - 1.2924 \times 10^6 \right)$$

利用图 7-10 中的数据，可计算 Q 的函数 V，所得结果列于表 7-2。为求出总的过滤时间，应对式（7-29）进行积分到 $V = 50 \text{m}^3$；根据图 7-11 所示 $1/Q$ 与 V 的关系曲线，用图解法绘出。图解积分结果给出的值为 1.463 h（1h27min47s）。

表 7-2 压力降、流量与滤液体积的关系

$Q/\text{m}^3 \cdot \text{h}^{-1}$	$\Delta p/\text{Pa}$	V/m^3	$1/Q/\text{s} \cdot \text{m}^{-3}$	$Q/\text{m}^3 \cdot \text{h}^{-1}$	$\Delta p/\text{Pa}$	V/m^3	$1/Q/\text{s} \cdot \text{m}^{-3}$
45	0.2×10^5	0.7	80	25	1.6×10^5	50.46	144
40	0.75×10^5	12.71	90	20	1.75×10^5	69.48	180
35	1.15×10^5	24.44	103	15	1.8×10^5	97.23	240
30	1.4×10^5	35.98	120				

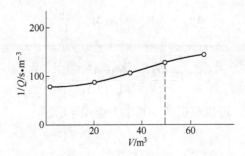

图 7-11 例题 7-3 的 $1/Q = f(V)$ 图

现在应该进行核对，是否得到了足够的滤饼容积。

例题 7-1 所作的过滤试验表明每一单位体积的悬浮液所形成的滤饼体积为：

$$\frac{0.43 \times 0.4 \times 0.035}{0.56} = 0.01156 \text{m}^3$$

一块板框实际有效容积为 $1 \times 1 \times 0.035 = 0.035 \text{m}^3$ 即在一个周期内能够过滤悬浮液的最大体积为：

$$V_{最大} = \frac{0.035 \times 25}{0.01156} = 75.69 \text{m}^3$$

这个 $V_{最大}$ 值大于本例所给出的 50m^3，所以滤液容积是足够的。

7.4   可压缩滤饼的过滤

滤饼的可压缩性，即指滤饼的阻力随着压力的增加而增加的一种性质，关于这种性质可通过多种方法进行试验。例如第二节扼要介绍的方法之一是一种借助一个压缩-渗透试验装置来测定 $\alpha = f(\Delta p_c)$ 的方法。固体颗粒的压缩是借助活塞的机械作用而形成的——这里显然作了水力压力借助机械压缩来模拟的假定。

另一种方法是，使用在不同的压力下所进行的恒压操作中获得的中间试验数据。根据这些数据，在图 7-3 所示的 t/V-V 曲线图上就得出了一组斜率不同的直线。然后，根据这些直线的斜率便可确定滤饼比阻 α 值。

处理可压缩滤饼的一种最好的方法是使用式（7-6）中所定义的平均滤饼比阻 α_{av} 的概念。当然，只有在已知最终压力值的情况下才有可能。否则的话，要经过一系列的反复计算才能得到一个解答。

为了获得满足式（7-7）的可压缩滤饼在过滤操作中的解析式，应对通过过滤介质的压力降 Δp_m 和通过滤饼的压力降 Δp_c 进行分别处理。

令：

$$\Delta p = \Delta p_c + \Delta p_m \tag{7-30}$$

$$\Delta p_m = \frac{\mu R Q}{A} \tag{7-31}$$

和

$$\Delta p_c = \frac{\alpha_{av} \mu c V Q}{A^2} \tag{7-32}$$

如果把式（7-8）代入式（7-32），则：

$$\Delta p_c = (1 - n) \alpha_0 \Delta p_c^n \frac{\mu c V Q}{A^2}$$

根据此式得出：

$$\frac{\mu c V Q}{A^2} = \frac{(\Delta p_c)^{1-n}}{(1 - n) \alpha_0} \tag{7-33}$$

对于一些特殊的情况，可以根据这一基本方程式导出。

7.4.1 恒压过滤

当然，这种操作是不受滤饼的可压缩性影响的。因此它的基本关系式与第三节所述的相同（α 值在此是与给定的压力相应的滤饼比阻）。

7.4.2 恒速过滤

把式（7-21），即 $V = Qt$ 代入式（7-33），得到：

$$(\Delta p_c)^{1-n} = \alpha_0(1-n)\mu c \frac{Q^2}{A^2} t \tag{7-34}$$

$\log \Delta p_c$-$\log t$ 的图应为一直线。通过过滤介质的压力降是一个常数，可由式（7-31）计算。

7.4.3 变压-变速操作

这是一种复杂的情况，其中 Δp_c、Δp_m、V、Q 和 t 都是变量。利用式（7-30）可将式（7-33）写成以下形式：

$$V = \left[\frac{A^2}{(1-n)\alpha_0\mu c}\right]\left[\frac{(\Delta p - \Delta p_m)^{1-n}}{Q}\right] \tag{7-35}$$

式中，Δp 和 Q 与泵的特性有关（例如 7.3 节中变压变速操作一节所述）。而 Δp_m 则由式（7-31）给出。

然后，按照 7.3 节所述式（7-28）相似的方法对式（7-35）进行处理，对过滤时间仍按式（7-29）计算。

【例题 7-4】 按照例题 7-3 那样，计算在同样的压滤机上过滤 50m³ 相同的悬浮液所需的时间，并假定滤饼是可压缩性的，其滤饼比阻 α 由下式表示：

$$\alpha = 6.1094 \times 10^9 (\Delta p_c)^{0.24}$$

其过滤介质阻力是一个常数，为 $R = 6.462 \times 10^{10} \text{m}^{-1}$，与例题 7-3 所示相同。使用的泵特性也与例题 7-3 相同。

解： 利用式（7-35）求出 Q 的函数 V

$$V = \left(\frac{2500}{0.76 \times 6.1094 \times 10^9 \times 10^{-3} \times 10.037}\right)\left(\frac{(\Delta p - \Delta p_m)^{0.76}}{Q}\right)$$

关于 V、Q 和 Δp 各值均列于表 7-3 中，应该注意通过过滤介质的压力降是根据式（7-31）计算的。

表 7-3 压力降、流量与滤液体积的关系

$Q/\text{m}^3 \cdot \text{h}^{-1}$	$\Delta p/\text{Pa}$	$\Delta p_m/\text{Pa}$	V/m^3	$1/Q/\text{s} \cdot \text{m}^{-3}$
45	0.2×10^5	0.1616×10^5	2.3	80
40	0.75×10^5	0.1436×10^5	20.8	90
35	1.15×10^5	0.1275×10^5	35.4	103
30	1.4×10^5	0.1077×10^5	49.2	120
25	1.6×10^5	0.0898×10^5	66.5	144

$$\Delta p_m = \frac{10^{-3} \times 6.462 \times 10^{10} \times Q}{50}$$

给出的 $1/Q$ 与 V 的关系曲线（图 7-12 所示）。现通过式（7-29），对该曲线的面积进行积分到 50m^3，求得过滤所需时间为：

$$t = 4750\text{s} = 1.3194\text{h} = 1\text{h}19\text{min}10\text{s}$$

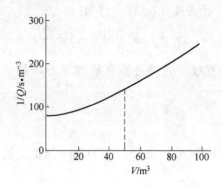

图 7-12 例题 7-4 的 $1/Q = f(V)$ 图

8 ‖ 真 空 过 滤

8.1 概 述

真空过滤是应用最为广泛、在理论与实践方面最为成熟的一种过滤方法。

真空过滤是借助过滤介质一侧造成一定程度的负压（真空）而使滤液排出实现固液分离的，因而其推动力较小，一般为 0.04 ~ 0.06MPa，在某些场合，可达 0.08MPa，由于滤饼两侧的压力降较低，因此过滤速度较慢，微细物料滤饼的含水量较高，这是真空过滤机主要的不足之处；但其优点则在于能在相对简单的机械条件下连续操作，而且在大多数场合能获得比较满意的工作指标。因此，与其他类型的过滤机（如压滤机）相比，真空过滤机长期以来一直得到用户的青睐。除非压滤机在连续操作、机械性能、制造及运行成本诸方面都取得重大突破，并能满足应用部门的综合要求，否则真空过滤在固液分离领域内有重要地位将难以动摇。

真空过滤机的工作周期一般可分为如下几个阶段：（1）成饼阶段；（2）脱水阶段；（3）洗涤阶段；（4）压实阶段；（5）干燥阶段；（6）卸饼阶段。其中洗涤、压实、干燥等阶段的有无视实际需要而定，而成饼、脱水及卸饼则是大部分真空过滤机（水平带式真空过滤机的过滤周期中可不计卸饼阶段）所具有的基本工作过程。在过滤周期中，每一操作过程所占用的时间份额随过滤机而异。对常见的真空过滤机，各操作阶段所占时间份额，如表 8-1 所示。

表 8-1 真空过滤机各操作阶段所占过滤周期的百分比

过滤机类型	成 饼	脱 水	洗涤（最大）	压实（最大）	卸 饼
转鼓式	25 ~ 27	23 ~ 55	30	25	20
圆盘式	30	45			25
水平带式	视需要	视需要	视需要	可变	
平台式	视需要	视需要	视需要		25
翻盘式	视需要	视需要	视需要		25

选煤厂所用过滤机多数为真空过滤机，主要用于过滤浮选精煤，也可用于过滤煤泥或浮选尾煤。但是由于浮选尾煤（或煤泥）黏性大、粒度细、水分高，常用推动力更高的压滤机进行过滤。

真空过滤机按其形式可分为圆盘真空过滤机、圆筒真空过滤机和平面真空过滤机三类。我国主要采用前两种，但后者操作维护简单，同时结合沉降和过滤两种作用，因而可用于过滤密度大、粒度粗、沉降速度快的物料，引起了国内外选矿界人士的注意，选煤界目前尚未研究和应用。

8.2 圆盘真空过滤机

圆盘真空过滤机是选煤厂应用时间最长、最广泛，并具有成熟经验的浮选精煤脱水设备。

8.2.1 圆盘真空过滤机的结构

圆盘真空过滤机是由槽体、主轴、过滤盘、分配头和瞬时吹风装置等部分组成的。基本结构见图 8-1。

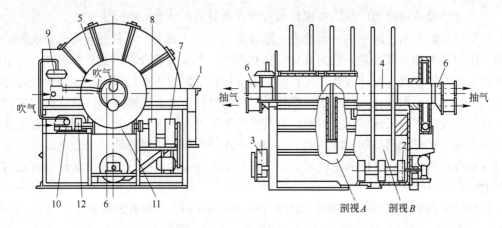

图 8-1 PG58-6 型圆盘真空过滤机

1—槽体；2—轮叶式搅拌器；3—蜗轮减速器；4—空心主轴；5—过滤圆盘；6—分配头；7—无级变速器；
8—齿轮减速器；9—风阀；10—控制阀；11—蜗杆、蜗轮；12—蜗轮减速器

（1）槽体。槽体由钢板焊制而成。除贮放煤浆外，还起支承过滤机零件的支架作用。槽体下部有轮叶式搅拌机，防止煤浆在槽体内沉淀。

（2）主轴。主轴是传动机的一部分。主轴由数段空心轴组成，轴的断面上有 8~16 个滤孔，一般采用 10 个。主轴安装在槽体中间，上面装有过滤圆盘。主轴转动时，过滤圆盘随之转动。主轴的两个端面分别与分配头相连。

（3）过滤圆盘。过滤圆盘是过滤机进行过滤的主要工作部件，由若干个扇形过滤板组成。过滤板的数目与空心主轴上的滤液孔相应，一般采用 10 块者居多。用螺栓、压条和压板固定在主轴上，见图 8-2。

每块过滤板都是一个独立的过滤单元。本身是由竹或木制成的空心结构，滤板内腔圆管与主轴的滤液孔相通。为了避免漏气，影响真空度，圆管与主轴连接处有橡胶衬垫。

过滤盘的外面包有滤布。滤布应具有较大的机械强度、较小过滤阻力、易于清洗等特点。使用滤布，可减少滤液中的固体损失量。选煤厂中使用的滤布，目前以尼龙布居多。也有采用金属丝布和帆布的，滤布的孔径约为 0.15~0.25mm。

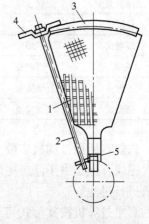

图 8-2 扇形过滤板

1—扇形过滤板；2—螺栓；
3—压条；4—压板；5—橡胶衬垫

（4）分配头。在过滤机进行脱水的工作过程中，每个扇形块均经过滤、干燥和吹落三个阶段。经过这三个阶段时，扇形分块分别和真空泵、鼓风机轮换相通，完成煤浆中的固体颗粒在滤布上积累形成滤饼，滤饼进一步脱除水分并脱落。

分配头由轴颈、端板、分配垫和分配头4部分组成。前3部分用螺栓连接，并一起转动。分配垫上有数目与主轴滤液孔相同的孔。分配头安装在过滤机主轴的端部，固定不动。分配头与分配垫接触的一面其光洁度较高，通常要求 Δ^7。在分配头上装有楔形块，用以调节过滤区的范围。减少楔形块，可以延长过滤时间，见图8-3。

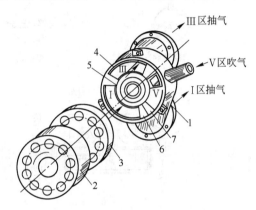

图8-3　分配头的构造

1—分配头；2—过滤机主轴；3—分配垫；4—外边缘；5—内边缘；6，7—楔形块

分配头与主轴之间用螺栓连接，并用弹簧压紧。为保持其动配合面的严密，连接的弹簧应有足够压力。

PG型圆盘真空过滤机各区的角度分配见表8-2。

表8-2　过滤机各区的角度

区　域	过滤区 I	过渡区 II	干燥区 III	过渡区 IV	卸饼脱落区 V	过渡区 VI
角度/(°)	125	30	82	25	30	68

为保护分配头和分配垫不受磨损，在其内边缘和外边缘上，均有铝制的圆垫圈，其光洁度要求也较高，同样为 Δ^7，用以与分配垫进行配合，磨损后易于更换。

（5）瞬时吹风装置。瞬时吹风系统见图8-1，它由蜗轮减速器12、控制阀10和风阀9组成。

瞬时吹风的工作过程：当过滤盘转入吹落区时，风阀开启，压缩空气由风阀给入分配头，通过分配头与其对应的滤液孔进入扇形滤块。借压缩空气突然鼓入的冲力将滤饼吹落。扇形滤块转过吹落区时，风阀关闭，压缩空气停止给入。至下一个扇形块进入吹落区时，再重复上面过程。

瞬时吹风系统的工作原理见图8-4。控制阀1操作阀的开启和关闭。控制阀的动作则由瞬时吹风系统中的蜗轮减速器控制。蜗轮减速器的出轴转一周，通过压杆6，使控制阀中风阀与鼓风机管路线接通一次，从而使风阀开启一次，将压缩空气鼓入扇形滤块。风阀开启的次数与扇形滤块的块数一致。如扇形滤块为10块，则过滤机主轴转动一周，蜗轮减速器出轴转 10 周，风阀开启 10 次。每次扇形板进入吹落区，风阀都会相应开启一次，将扇形块上的滤饼吹落。

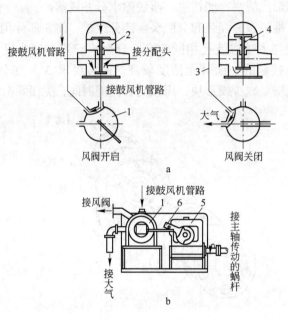

图 8-4　瞬时吹风系统工作原理及控制阀的传动系统
1—控制阀；2—风阀；3—空气管路；4—弹簧；
5—蜗轮减速器；6—压杆

8.2.2　工作原理

　　圆盘真空过滤机的过滤器是由若干个扇形过滤块组成的，并固定在空心轴上。空心轴的滤液孔与过滤块的空腔相连，主轴端面与分配头连接。扇形过滤块组成的过滤圆盘置于槽体中，槽中煤浆液面在空心轴的轴线以下。当主轴转动时，带动过滤圆盘转动。其工作原理见图 8-5。当过滤圆盘顺时针转动时，依次经过过滤区 I、干燥区 III 和滤饼脱落区 V，使每个扇形块与不同的区域连接。当过滤块位于过滤区时，与真空泵相连。在真空泵的抽气作用下，过滤扇形块内腔具有负压，因滤布两侧压力不同，煤浆被吸向滤布，煤粒在滤布上，形成滤饼；滤液通过滤布，进入扇形块的内腔，并经主轴的滤液孔排出，实现了过滤，当过滤块位于干燥区时，仍与真空泵相连，但此时过滤块已离开煤浆液面，因此，真空泵的抽气作用只是让空气通过滤饼，将空隙中的水分带走，使滤饼的水分进一步降低。当过滤块进入滤饼脱落区时，则与鼓风

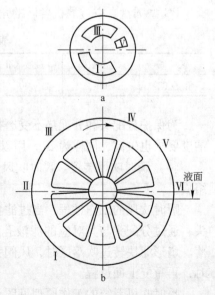

图 8-5　圆盘真空过滤机工作原理
a—分配头；b—过滤盘
I—过滤区；II，IV，VI—过渡区；
III—干燥区；V—滤饼脱落区

机的吹气作用将滤饼吹落,完成了一个过滤循环。随着主轴的转动,过滤块再次进入煤浆,开始第二个过滤循环。

在三个工作区中间,均有过渡区相隔。过渡区是个死区,其作用是防止过滤块从一个工作区进入另一个工作区时互相串气,影响工作效果。过渡区应有适当大小,过小,出现串气,降低过滤效果;过大,减少工作区范围,同样使工作效果恶化。

圆盘真空过滤机具有下述特点:

(1)本身是一个连续工作的设备,但对每一个过滤块,其工作是间断的,过滤过程中要经过过滤、干燥和滤饼脱落三个阶段。

(2)过滤块在各个工作区的时间,与各个区域所占大小有关,还与过滤机主轴转速有关。前者可借助分配头进行调节。

(3)每个过滤块之间都有非工作区间,为减少该区时间,过滤块的数目宜较小;而为了减少滤块上靠近主轴和远离主轴两端过滤时间的差别,合理利用过滤板的面积,宜增加过滤块的数目,通常在 8~16 块范围内选择,较合理的数目为 10 块左右。

我国多数选煤厂所使用的圆盘真空过滤机为 PG 系列产品。其主要技术特征见表 8-3。该系列圆盘真空过滤机,其圆盘直径有 1.8m 和 2.7m 两种。其他结构基本相同。

表 8-3　PG 型圆盘真空过滤机主要技术特征

型　　号	过滤面积 /m²	过滤盘数	过滤盘直径 /mm	过滤盘转速 /r·min⁻¹	搅拌器转速 /r·min⁻¹	电动机功率 /kW 主轴转动	电动机功率 /kW 搅拌器	辅助设备 真空泵 型号	辅助设备 真空泵 台数	辅助设备 鼓风机 型号	辅助设备 鼓风机 台数	机器重量 /kg	外形尺寸 (长×宽×高) /mm×mm×mm
PG18-4	18	4	1800	0.135~0.607	60	1.1	1.1	SZ-3	1	SZ-2	1	3500	2820×2335×2292
PG27-6	27	6	1800	0.135~0.607	60	1.1	1.1	SZ-4	1	SZ-2	1	4250	3820×2355×2295
PG39-4	39	4	2700	0.136~0.606	60	1.5	1.5	SZ-4	1	SZ-2	1	5650	3015×3275×3275
PG58-6	58	6	2700	0.15~0.67	60	2.2	2.2	SZ-4	2	SZ-3	1	8000	3930×3755×3275
PG78-8	78	8	2700	0.15~0.67	60	2.2	2.2	SZ-4	2	SZ-3	1	8980	4730×3355×3275
PG97-10	97	10	2700	0.148~0.66	60	4	4	2YK-110	1	SZ-3	1	10900	5530×3355×3275
PG116-12	116	12	2700	0.148~0.66	60	4	4	2YK-110	1	SZ-3	1	12000	6330×3355×3275

近年来,随着选煤厂向大型化发展,各国生产的圆盘真空过滤机也在向大型发展。目前,德国和美国生产的最大规模圆盘真空过滤机面积已达 400m² 左右,并对圆盘真空过滤机的结构和工作原理进行了改进,使过滤效果有所提高。

如德国洪堡特-维达克公司制造的圆盘真空过滤机,其系列中较大的圆盘真空过滤机为盘径 3m、10 盘、过滤面积 120m²,和盘径 4m、10 盘、过滤面积 200m² 两种。现已制造过滤面积为 400m² 的大型圆盘真空过滤机。

该类型过滤机主要在主轴和滤饼脱落等方面进行了改进,主轴由法兰盘连接的分段铸件改为焊接件结构。使结构简单、加工容易、重量减轻,避免了主轴弯曲下沉的毛病。

主轴由 20mm 厚的钢板卷成,周围焊接 20 排直径为 92mm、厚度为 6.3mm 的细管和各滤扇相接,起到吸气和排水作用。每根细管均匀在中间断开,分成两段,从两端分别吸气和排水,见图8-6。

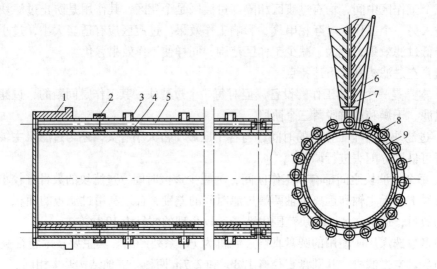

图8-6 洪堡特-维达克圆盘真空过滤机的焊接主轴

1—轴颈;2—管箍;3—滤扇座;4—固定螺栓座;5—吸水管;
6—滤扇固定螺栓;7—滤扇;8—管卡;9—主轴

该类型过滤机取消了滤饼脱落所用瞬时吹风装置,改用刮板卸饼,并在刮板下部加设压力为 $3.9 \times 10Pa$ 左右的压力喷水,对滤布进行清洗,防止煤泥堵塞滤布孔眼,提高过滤效果。卸饼刮板和压力水管的安装位置见图8-7。这种卸饼方法简化了结构和系统。刮板采用硬塑料制成,直接刮取煤饼,滤饼脱落情况较好。为了保持刮板和过滤块之间的间隙稳定且较小,过滤块两侧装有定位滚轮,限制过滤块左右摆动。滤饼水分可在20%～24%之间,真空度可保持在 $(4 \sim 6.7) \times 10^4 Pa$ 之间。

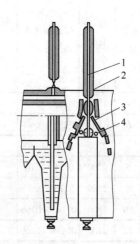

图8-7 过滤机刮板和压力水管安设位置

1—滤扇;2—滤饼;3—刮板;4—水管

8.3 圆筒形真空过滤机

圆筒形真空过滤机,其过滤表面即圆筒体的表面。按照过滤表面的位置不同,可分为内滤式和外滤式两种。内滤式圆筒真空过滤机,过滤表面是圆筒的内表面,圆筒兼作贮矿槽。外滤式圆筒真空过滤机,过滤表面在圆筒的外面。圆筒型真空过滤机都有体积庞大、过滤面积小和单机处理量低的缺点。但其密封性能好,真空度较高,干燥区较长,因而滤饼水分比圆盘真空过滤机稍低。

内滤式圆筒过滤机,因其操作面在圆筒里面,所以操作不方便,主要用于选矿厂过滤密度较大的物料，如磁选铁精煤矿的脱水，选煤厂未见使用。外滤式圆筒过滤机，在选煤厂中虽然曾经使用过，但由于上述缺点，目前极少使用。

按卸料方式不同可将该类型真空过滤机分为刮刀卸料、绳索卸料和折带卸料三种。绳索卸料式过滤机在选煤厂应用很少，刮刀卸料过滤机，基本和外滤式真空过滤机相同，只是卸料同时受到风和刮刀双重作用，效果较好。折带过滤机的卸料比较完全，并加强了滤布的清洗，因而，用于过滤细黏物料的效果较好。

8.3.1 圆筒形真空过滤机的基本结构和工作原理

8.3.1.1 基本结构

圆筒形真空过滤机的筒体由钢板焊接而成，在筒体的表面上装有冲孔筛板，用隔条沿圆周方向分成若干个过滤室，通常为 24 个。室与室之间严格密封，互不通气。过滤室上铺设过滤布，沿轴向每隔 80～500mm 缠绕钢丝，将滤布固定在筒体上。过滤室内部接有滤液管，分别与两端的喉管连接，分配头与喉管紧密相通，并固定在筒体两端，每个分配头担负过滤室一半长度的抽气和吹风作用。基本结构见图 8-8 和图 8-9。

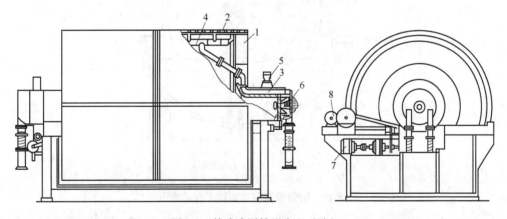

图 8-8　外滤式圆筒形真空过滤机

1—筒体；2—筛板；3—喉管；4—滤液管；5—轴承；6—分配头；7—搅拌电机；8—主传动电机

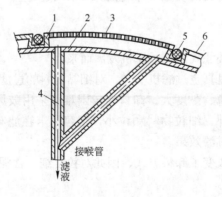

图 8-9　过滤室的横断面

1—隔条；2—筒体；3—过滤板；4—滤液管；5—胶条；6—滤布

由于分配头的作用，将过滤室分为过滤区 Ⅰ、干燥区 Ⅱ、吹落区 Ⅳ 和滤布清洗区 Ⅵ 等。在不同的区域，分别进行过滤、干燥、卸料和滤布清洗等工作。

8.3.1.2 工作原理

圆筒形真空过滤机的筒体，在工作时，有一部分浸入装满矿浆的半圆形矿浆槽中，并在其中缓慢旋转。由于分配头的作用，每个过滤室依次通过过滤区、干燥区、吹落区等不同区间。和圆筒表面相接触的矿浆，在过滤室真空作用下进行过滤，并将固体颗粒吸附在筒体上形成滤饼。随着圆筒的旋转，浸于矿浆中的那一部分圆筒表面随之离开液面，进入干燥区，滤饼进一步被脱水。通过干燥区后，滤室内由原来的负压转为正压，由于正压吹气作用，滤饼从圆筒表面脱落。其工作示意图见图 8-10。

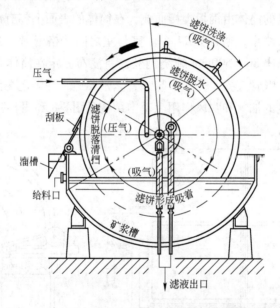

图 8-10　圆筒形真空过滤机工作示意图

筒体在旋转过程中是连续工作的，但在每个时刻，过滤机不同的过滤室分别进行形成滤饼、吸干滤饼、排卸滤饼和清洗滤布等过程。对不同过滤室，其工作仍是间断的。

8.3.2　折带真空过滤机

折带真空过滤机是由外滤式圆筒过滤机发展而来。

圆筒真空过滤机和圆盘真空过滤机一样，对细黏物料的过滤效果较差，其原因是细黏物料过滤时阻力大，滤饼薄、黏度大，卸料比较困难，采用鼓风机吹落滤饼和刮刀卸料，滤饼的脱落率仍较低。此外，细粒物料颗粒小，很容易卡在滤布的缝隙之间，堵塞滤布，降低滤布的透气性，影响过滤效果。

折带真空过滤机由于改变了卸料方式，因此对粒度细、含泥多、黏性大的难过滤物料有较好的脱水和卸料效果。

折带真空过滤机的工作原理如图 8-11 所示。折带真空过滤机除卸料方式与圆筒真空过滤机不同，不采用压风机吹落滤饼、卸料区改为死区外，其他均与圆筒真空过滤机相似。

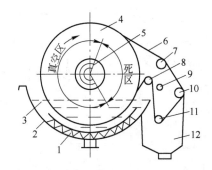

图 8-11　折带真空过滤机工作原理

1—搅拌器；2—装料槽；3—矿浆；4—筒体；5—分配头；6—滤布；7—托辊；
8—变向辊；9—喷水管；10—卸料辊；11—张紧辊；12—清洗槽

在工作时，矿浆由后侧壁的中部给入矿浆槽，在真空泵负压的作用下，物料被吸附在筒体 4 所带动的滤布上，形成滤饼。在滤饼继续旋转过程中，水分不断被吸出，起到了滤饼的干燥作用。滤饼通过干燥区后，由一套托辊把吸附滤饼的滤布引出，并离开筒面，经过分离托辊时，滤饼产生裂纹，再运转到卸料辊处，滤布由直线运动改为曲线运动，由于曲率的变化，滤饼在自重的作用下自行脱落。滤饼脱落时，滤布进入清洗槽 12 中，经一定压力的喷洗水冲洗后，经变向辊返回筒体，重新开始另一循环。

折带真空过滤机的分配头没有鼓风区，只有真空区和死区。物料经几组托辊，并改变滤布曲率，使其在重力作用下自行脱落，避免了滤饼脱落不完全和由于鼓风所造成回水、增加滤饼水分的麻烦，还节省了瞬时吹风系统。滤布在筒体以外，可得到充分清洗，恢复原有的透气性。因此，具有过滤效果好，能处理细、黏物料的特点。

折带真空过滤机采用高压喷水清洗滤布，喷水压力为 $(2 \sim 3) \, 10^5 Pa$，其用水量较大，达 $15 m^3/h$。因此，可消除滤布堵塞，保证稳定的脱水效率。一般用两排水管，可均设在内侧或一排在内侧，另一排在外侧两种类型。前一种类型可使喷下的物料全部进入清洗槽；后一种可更好地清洗滤布，提高滤布的透气性。但冲洗下来的物料有一部分会落入滤布和拉紧辊之间，导致滤布跑偏。

8.4　过滤系统

凡真空过滤机，为了实现物料的过滤脱水，除过滤机之外，还需要有一些辅助设备。如真空泵、鼓风机、气水分离器等。

真空过滤机与辅助设备之间的连接方式称为过滤系统。常用的过滤系统有三种：一级过滤系统、二级过滤系统和自动泄水仪，见图 8-12。

8.4.1　一级过滤系统

一级过滤系统即一级气水分离系统，也称单级气水分离系统。

在一级过滤系统中，只用一个气水分离器，如图 8-12 中 a 和 b。滤液和空气由于真空泵造成的负压，抽到气水分离器中，空气再由气水分离器的上部排走，滤液从气水分离器的下部排出。滤液的排出有两种方式：一种滤液靠自重自然流出；另一种需用泵强制抽出。

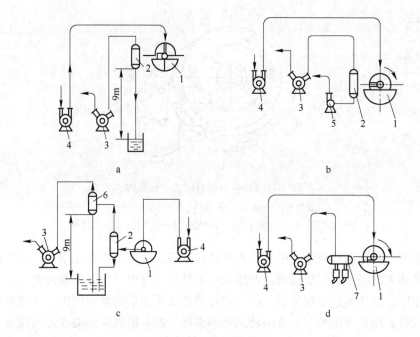

图 8-12　过滤系统

a，b—一级过滤系统；c—二级过滤系统；d—自动泄水仪
1—过滤机；2—气水分离器；3—真空泵；4—鼓风机；
5—离心泵；6—二级气水分离器；7—自动泄水仪

当过滤机布置在高位时，由于气水分离器在负压下工作，要使滤液从气水分离器中排出，其滤液排出口在滤液池液面之间必须有 9m 的高差。为防止空气进入气水分离器，滤液流出的管口必须设有水封。实际上多数选煤厂，过滤机设在浮选机的下层，因滤液自流的高度不够，可考虑采用图 8-12b 的形式。此时，滤液采用离心泵强制抽出，需要专门设置离心泵，要消耗动力，但节省管道。

图 8-12a、b 两种形式，由于只设一个气水分离器，有可能气水分离不够彻底，影响真空泵的工作。因此，在新建选煤厂中使用的较少。

8.4.2　二级过滤系统

二级过滤系统也称二级气水分离系统，或双级气水分离系统。

二级过滤系统中有两个气水分离器，过滤机可以和一级过滤系统中图 8-12b 一样，安放在较低位置，连接过滤机的气水分离器也在较低的位置。该气水分离器上部排出的气体再进入安放在较高位置的二级气水分离器。二级气水分离器的气体由真空泵抽走。由于二级气水分离位置较高，即使一级气水分离器在较低位置，也不至于影响真空泵的工作。因此，在选煤厂得到了广泛的使用，如图 8-12c 所示。

8.4.3　自动泄水仪

图 8-12d 的过滤系统，滤液既能自流排出，不需要将过滤机设置在很高的位置，又不用设两个气水分离器，而采用自动泄水仪代替过滤系统中的气水分离器和离心泵。

自动泄水仪的工作原理见图8-13。

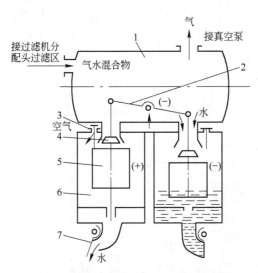

图8-13 自动泄水仪工作原理
1—气水分离器；2—杠杆；3—空气阀；4—橡胶阀；
5—浮子；6—排液箱；7—单向阀

在自动泄水仪的气水分离器下设有一对排液箱，箱中浮子悬挂在杠杆的两端。图中左侧排液箱，与气水分离器的通道被橡胶阀挡住，同时打开空气阀3，排液箱和大气相通，转变为正压，使下部单向阀自动打开，排出滤液。与此同时，右边排液箱与气水分离器相通，空气阀3关闭，排液箱内为负压，使单向阀7关闭，滤液由气水分离器流入排液箱。随箱内滤液增多，浮子所受浮力增加。当作用在右侧浮子上的浮力大于真空泵对左侧橡胶阀的抽力时，在杠杆的作用下，浮子上升，橡胶阀挡住排液箱与气水分离器的通道，左右两侧工作状况相互变换。此时，右侧排液箱排出滤液，气水分离器中滤液流入左侧排液箱。

在作变换的瞬间，右侧浮子与左侧橡胶阀的受力关系为：

$$G \geqslant P \tag{8-1}$$

式中　G——浮子所受浮力，N，$G = \rho V g$；

ρ——液体的密度，kg/m^3；

V——浮子浸入液体中的体积，m^3；

g——重力加速度，（$9.8 m/s^2$），m/s^2；

P——真空泵作用在橡胶阀上的抽力，N，$P = pF$；

p——气水分离箱内压力与大气的压力差；

F——受真空泵抽力作用的橡胶阀面积，m^2。

自动泄水仪继选矿厂之后在选煤厂获得应用，但由于使用效果不够理想，很多厂又改为二级过滤系统。

近年来对自动泄水仪进行了改进，研制了电控滤液泄出装置，用一个五通电磁阀控制滤液泄出装置，其工作原理见图8-14。图中工作状态是五通电磁风阀的轴，带动活塞在落下位置。滤液桶Ⅰ与气水分离器1气路相通。因桶内为负压,所以放水阀在大气作用下关闭,气水逆止阀在滤液重力和真空泵的抽力作用下被打开,滤液流入滤液桶Ⅰ,桶内剩余空气逐渐从联络气管接口6经五通电磁阀4、气水分离器1被真空泵抽出机外,滤液桶Ⅱ通过五通电磁阀与大气沟通气路,气水逆止阀2在大气压力作用下关闭,滤液桶中滤液在重力作用下打开放水阀7,排出滤液。

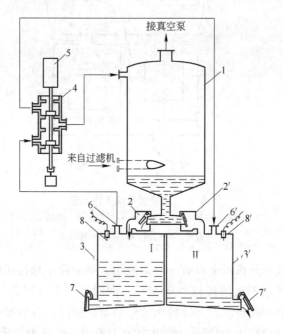

图 8-14 电控滤液泄出装置原理

1—气水分离器;2—气水逆止阀;3—滤液桶;4—五通电磁气阀;
5—电磁铁;6—联络气管接口;7—放水阀;8—液位电极

气水分离器1中分离出的滤液,不断流入滤液桶Ⅰ中,桶内滤液逐渐上升,当液位升至触及电极8时,电控系统接通电路,电磁铁5通电,并吸引五通电磁气阀的阀轴向上切换电路,使两个滤液桶的工作状态互相转换,成为滤液桶Ⅰ排出滤液,滤液桶Ⅱ存放滤液。当滤液桶Ⅱ中的液位上升,浸到液位电极8′时,电控系统电路断开,电磁铁因断电释放,五通电磁气阀中的轴带动活塞落下,完成一个滤液排放周期。由于滤液的排放过程是在等压力、气与水分路的条件下,由上而下自动流动,因此,阻力小,流速快。

在选煤厂,一般采用水环式真空泵,因该类型真空泵允许滤液在泵中短期运转,不致发生故障。小型过滤机通常采用SZ型真空泵,大型真空过滤机常用2YK型真空泵。真空度一般为 $(4\sim6.7)\times10^4$ Pa。$1m^2$ 过滤面积的吸气量为 $0.8\sim1.3m^3/min$。

真空过滤机的吹风压力常为 $(1\sim3)\times10^4$ Pa,$1m^2$ 过滤面积所需要的压缩空气量为 $0.2\sim0.5m^3/min$。通常用叶式或罗茨鼓风机供给。

8.5 过滤效果的评定

真空过滤机处理的物料,其煤浆浓度为 25% ~ 50% 之间,粒度为 1mm 以下。过滤后得到滤饼和滤液两个产品。滤饼的水分常在 24% ~ 28% 之间，滤液在固体含量为 20 ~ 80g/L 范围内。

真空过滤机工艺效果的评定，和脱水筛、离心脱水机相同，都采用原煤炭工业部颁发行业标准 MT/Z7—1979 脱水效率进行评定。

$$\eta = \frac{(a - b)(c - a)}{a(c - b)(100 - a)} \times 100\% \tag{8-2}$$

式中　　η——脱水效率,%;

a, b, c——分别为入料矿浆、滤液和滤饼的重量百分浓度,%。

通常，对过滤机不计算脱水效率时，可用下述三个指标对过滤效果进行评价：一是滤饼水分；二是滤液中的固体含量；三是过滤机单位面积处理能力。其效果好坏常与真空度、粒度组成、给料浓度等关系极大。

8.6　影响过滤效果的因素

过滤效果的影响因素，指对过滤机的生产能力、滤饼水分、滤液中固体含量的影响。其主要因素有过滤的推动力、矿浆性质及过滤介质的性质等。

8.6.1　过滤的推动力

过滤的推动力，即过滤时过滤介质两侧的压力差。对真空过滤机而言即指真空度。真空度的高低直接影响过滤机的生产能力、产品水分和滤液中的固体含量。通常，压力差的增加，可以提高过滤机的处理能力和降低滤饼水分，特别是对细泥含量高的物料，应采用较高的真空度。但过高的真空度，容易使滤液中固体含量增大，影响过滤效果。

真空过滤机在处理浮选精煤时，其真空度在 $(5 \sim 6) \times 10^4 Pa$；处理浮选尾煤时，最好在 $(6.7 \sim 8) \times 10^4 Pa$ 之间；而处理原生煤泥，一般为 $(4 \sim 5) \times 10^4 Pa$。

8.6.2　矿浆性质

矿浆性质指矿浆温度、浓度、粒度和成分。

8.6.2.1　矿浆浓度

矿浆浓度增加，可以提高真空过滤机的过滤效果。随矿浆浓度增加，过滤机滤饼厚度也增加。在过滤浮选精煤时，常用的液固比为 2 ~ 1.5，因此，有人建议，浮选精煤应先经浓缩，再过滤，这样可降低精煤滤饼的水分。

8.6.2.2　入料粒度组成

矿浆中固体粒度组成对过滤机生产能力有很大影响。粒度越细，过滤越困难，滤饼越薄，而且增加滤饼的水分，滤饼又难以脱落，造成物料在过滤机中循环，降低了过滤机的处理能力。

粒度组成均匀，则过滤阻力小、速度快、效果好。为了改善过滤机入料的粒度组成，强化过滤过程，可以在矿浆中加入凝聚剂或粗粒煤泥。

8.6.2.3 矿浆成分

矿浆成分主要指矿浆中的泡沫量。在矿浆中含有大量空气泡时，使生成的滤饼中也含有气泡，特别是细小的微泡，它将堵塞滤饼颗粒之间的通道，降低过滤效果，提高滤饼水分。如果浮选精煤用泵给入过滤机，更造成泵吸不上物料，减少过滤机的入料，引起浮选跑槽。

浮选精矿泡沫过多，主要是由于浮选药剂使用不当造成的。为了提高真空过滤机的过滤效果，浮选药剂用量应适当，在浮选精煤过滤前，最好进行消泡。浮选精煤的浓缩也有一定的消泡作用。

8.6.2.4 矿浆温度

提高矿浆温度，可以降低矿浆的黏度，减小过滤阻力，提高过滤速度。因而，可增加滤饼厚度，降低产品水分。

国外采用将蒸气直接喷到滤饼上，使过滤饼水分由 24% ~ 25% 降到 16% ~ 17%。但势必增加过滤费用。

8.6.3 过滤介质的性质

理想的过滤介质应具有过滤阻力小、滤液中固体含量少、不易堵塞、易清洗等性质，并具有足够强度。

通常，金属丝滤布具有过滤阻力较小、不易堵塞、滤饼容易脱落等优点。但滤液中固体含量较高。尼龙滤布比较耐用。特别是锦纶毯的效果很理想，除耐用外，还具有滤饼容易脱落、产品水分低、滤液中固体含量少等特点，但价格较高。

9 ‖ 压 滤 脱 水

9.1 概述

随着环境保护的需要，提出煤泥不出厂，洗水厂内回收后循环使用，使选煤厂增加了一项新任务，即对浮选尾煤进行脱水处理。

浮选尾煤的特点是粒度细、黏度大、细泥多，采用一般的脱水机械均不能满足脱水要求，目前使用的一种流行设备即压滤机。

压滤机按其工作的连续性可以分为连续型和间歇型两类。连续型的压滤机入料和排料同时进行，如带式压滤机。连续型压滤机通常结构复杂。间歇型的压滤机，是在进料一段时间后，停止工作，将滤饼排出，完成一个循环后再重新进料，如板框式压滤机。

根据结构形式可分为板框式压滤机、快速隔膜式压滤机、带式压滤机及加压过滤机等。前两种属于间歇型，后两种属于连续型。按其安装方式分立式和卧式两类，以卧式应用较为普遍。

虽然分类方式众多，但都具有一共同特点，即所有的压滤机都是在一定压力下进行操作的设备，适用于黏度大、粒度细，可压缩的各种物料。压滤机在选煤厂中，主要用于浮选尾煤的脱水。

压滤机与真空过滤机除结构上的差别外，其他差别主要表面在以下方面：

（1）压力差别：压滤机采用正压过滤，压力可达 0.5~1MPa；而真空过滤为负压过滤，其压力仅在 0.1MPa 的范围内变化，压力的变化小得多。

（2）推动力不同：过滤过程依靠压力差实现，压力差即为过滤过程的推动力。因此，压滤的推动力比真空过滤机的大得多。

（3）滤液固体含量低：在压滤机工作时，由于推动力比过滤大许多，压滤机滤布的孔径比真空过滤机的小，因此，滤液中固体含量很低。对于处理细、黏物料的效果，压滤机优于真空过滤机。

（4）处理量小：由于压滤和过滤处理物料的性质不同，滤布孔径不同，虽然压滤的推动力比真空过滤的大很多，所需压滤时间仍然较长。因此，压滤机的处理量比真空过滤机低。

此外，处理能力大小与滤框充满所需时间的关系极大。充满所需时间越长，压滤机的处理能力越低。

9.2 板框式压滤机

板框式压滤机有平板板框压滤机和凹板板框压滤机之分。两者之间主要差别是滤室的结构不同。前者滤室由滤框本身构成；而后者滤室由相邻的滤板构成，见图 9-1。我国目前应用的为凹板板框压滤机，通常称箱式压滤机。

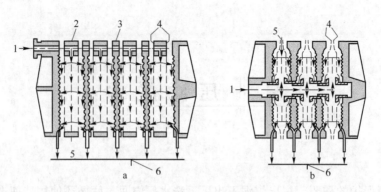

图 9-1　板框式压滤机滤室构成

a—平板板框压滤机；b—凹板板框压滤机

1—入料口；2—滤框；3—滤板；4—滤布；5—滤饼；6—滤液出口

9.2.1　箱式压滤机的构造

箱式压滤机一般由固定尾板、活动头板、滤板、主梁、液压缸体和滤板移动装置等几部分组成。固定尾板和液压缸体固定在两根平行主梁的两端，活动头板与液压缸体中的活塞杆连接在一起，并可在主梁上滑行。其结构见图 9-2。

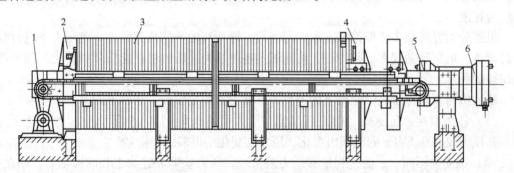

图 9-2　XMY340/1500-61 型压滤机结构

1—滤板移动装置；2—固定尾板；3—滤板；4—活动头板；5—主梁；6—液压系统

9.2.1.1　滤板

滤板是箱式压滤机的主要部件，其作用是在压滤过程中形成滤饼并排出滤液。滤板的侧视图见图 9-3 中的 3，正视图常为方形。滤板的两侧包裹滤布，中间有一孔眼，供矿浆通过之用。滤板上面有凹槽，滤液可由此排出。其材质可为金属或橡胶、塑料等。

多块滤板平行放置于固定尾板和活动头板之间，并依靠主梁支托。

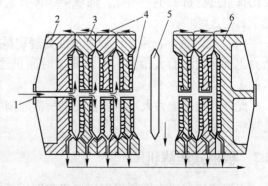

图 9-3　压滤机工作原理

1—矿浆入料口；2—固定尾板；3—滤板；

4—滤布；5—滤饼；6—活动头板

9.2.1.2 滤板移动装置

滤板移动装置的作用是移动滤板，在压滤过程开始前，需将所有滤板压紧以形成滤室；在脱水过程结束，需要卸饼时，相继逐个拉开滤板。箱式压滤机将滤板移动装置平行对应地配置在主梁的两侧，其形式可采用单向拨爪式、单向双钩式和往复单钩式，见图9-4。

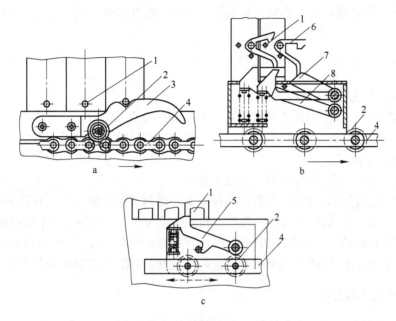

图9-4　滤板移动装置
a—单向拨爪式；b—单向双钩式；c—往复单钩式
1—滤板手把；2—辊轮；3—拨爪；4—链条；5—拉钩；6—安全钩；7—开框钩；8—靠拢钩

9.2.1.3 活动头板、固定尾板

活动头板、固定尾板简称头板、尾板。头板与液压油缸体内的活塞杆连接，并通过两侧的滚轮支承在主梁上。因此，头板可以在主梁上滑动。尾板固定在主梁上。尾板上有入料孔，需过滤的矿浆由此给入。头板与尾板配合，将滤板压紧，形成密封的滤室。由于头板的运动，将滤板松开以排卸滤饼。

9.2.1.4 液压系统

液压系统用以控制滤板的压紧和松开，由电机、油泵、油缸、活塞、油箱等组成。油泵常采用高低压并联系统，高压油泵用于提高油压，低压油泵用于提高活动头板的移动速度。

9.2.2 压滤机的工作原理

压滤机的工作原理如图9-3所示。当压滤机工作时，由于液压油缸的作用，将所有滤板压紧在活动头板和固定尾板之间，使相邻滤板之间构成滤室，周围是密封的。矿浆由固定尾板的入料孔以一定压力给入。在所有滤室充满矿浆后，压滤过程开始，矿浆借助给料泵给入矿浆的压力进行固液分离。固体颗粒由于滤布的阻挡留在滤室内，滤液经滤布沿滤板上的泄水沟排出。经过一段时间以后，滤液不再流出，即完成脱水过程。此时，可停止给料，通过液压操纵系统调节，将头板退回到原来的位置，滤板移动装置借链条上的拉钩或拨爪与滤板把手的作用，将滤板相继拉开。滤饼依靠自重脱落，并由设在下部的皮带运走。为了防止滤布孔眼堵塞，影响过滤效果，卸饼后滤布需经清洗。至此，完成了整个压滤过程。

9.2.3　压滤循环

压滤过程可分为四个阶段：

(1) 压紧滤板，以一定压力给入矿浆，称为给料阶段。

(2) 加压过滤阶段，也称脱水阶段。给入矿浆后应保持一段时间，由滤液排出速度判断过滤过程是否完成。

(3) 卸料阶段，完成脱水任务后，减压并卸料。

(4) 滤布清洁阶段，为下一压滤过程作准备，提高滤布的透气性，提高压滤效果。

由上面给入矿浆、加压过滤、卸落滤饼和冲洗滤布四个阶段组成一个压滤循环。

为了提高压滤机的生产能力，应增加压滤循环中压滤的有效时间，减少辅助时间的比例，如卸饼时间、滤布冲洗时间均为辅助时间。通常，压滤时间在一个循环中约占 70% ~ 75%。

9.2.4　压滤机的给料方式

压滤机的给料方式有单段泵给料、两段泵给料和泵与压缩空气机联合给料三种形式。

(1) 单段泵给料。在整个压滤过程中用一台泵给料，泵的压力固定。通常，所用泵的压力较低。

这种供料方式的设备及系统均较简单。但为了满足压滤初期矿浆量较大的要求，需选大流量的泵，压滤后期，为满足压力要求，泵的扬程需较高，造成矿浆在泵内循环，增加泵的磨损、使物料的破碎加剧及消耗功率增大，造成了浪费。

该方式常用于处理过滤性能较好、在较低压力下即可成饼的物料，在选煤厂应用颇广。

(2) 两段泵给料。在压滤过程采用两段泵给料。压滤初期用低扬程、大流量的低压泵给料，经一定阶段再换用高扬程、低流量的高压泵给料，满足压滤机不同阶段的压力要求。

该种方式避免了单段泵给料的缺点。但在每个压滤循环中，中间需要换泵，操作较为麻烦。此外高压泵的磨损也较大，一些选煤厂不愿采用，又将两段泵给料改为单段泵给料。

(3) 泵和压缩空气机联合给料。在泵和压缩空气机联合给料的系统中，需增加一台强压缩空气机和贮料罐，因此流程复杂。

该系统在开始工作时，用低扬程、大流量的泵向压滤机和贮料罐供料，充满后停泵。后一阶段利用压缩空气机将贮料罐中的矿浆给入压滤机中继续压滤，这种方式可使入料矿浆的性质均匀稳定，并利用贮料罐内液面的高低，对压滤过程自动控制。

因为系统较为复杂，在选煤厂中应用较少。

9.2.5 压滤机工作的影响因素

影响压滤机工作效果主要有入料矿浆浓度、矿浆中煤泥粒度组成、入料灰分、给料压力等因素。这些因素变化，可以影响压滤循环的时间、产品的水分及处理量等。

9.2.5.1 入料压力

入料压力是压滤过程的推动力。入料压力越高，压滤推动力越大，可降低压滤所需时间，降低滤饼水分，并可提高压滤机的处理量。但入料压力过高，使动力消耗增大，设备磨损增加。目前，压滤机的压力一般采用$(4.9 \sim 5.9) \times 10^5 Pa$，并控制在$9.8 \times 10^5 Pa$范围以内。

9.2.5.2 入料矿浆浓度

提高入料矿浆浓度，可以缩短压滤循环的时间，并提高压滤机的处理量，但对水分影响不大。

从压滤效果看，入料浓度越高越好，最好在$600g/L$以上，但压滤入料来自耙式浓缩机底流。浓度越高，越容易产生压耙事故。一般采用$400 \sim 500g/L$，但不应低于$300g/L$。

9.2.5.3 入料粒度组成

入料粒度组成是个客观因素。其中-200网目级别含量的多少直接影响压滤效果。随-200网目级别含量增大，压滤机的处理能力降低，滤饼水分增高。入料粒度较粗时的脱水效果较好，可得到较高的处理量，并可得到水分较低的滤饼。但粒度过粗，煤泥沉降快、流动性差，压滤机的中心给料孔极易堵塞，形成的滤饼也较松散，导致压滤效果恶化。

9.2.5.4 入料灰分

入料灰分越高，意味着其中细泥含量较多、矿浆黏度增加。因此，一个循环所需时间越长，使压滤机的处理量降低，并增加滤饼的水分。入料灰分亦为客观因素。

压滤机在现阶段仍是处理细、黏物料最有效的设备。得到的滤饼水分较低，可达24%左右，而且滤液基本是清水，不需经其他处理即可返回使用。因此，选煤厂常将压滤机作为煤泥不出厂、洗水闭路循环的把关设备。

我国煤用全自动箱式压滤机，现有XMZ系列，其过滤面积分别为$240m^2$、$340m^2$、$500m^2$及$1050m^2$，技术规格见表9-1。

表9-1 箱式压滤机主要技术特征

型号 项目	XMZ240/1500	XMZ340/1500	XMZ500/1500	XMZ1050/2000
滤板外形尺寸/mm × mm × mm	1500 × 1500 × 60	1500 × 1500 × 60	1500 × 1500 × 60	1500 × 2000 × 68
滤板数量/块	61	92	137（140）	150（150）

续表 9-1

型号 项目	XMZ240/1500	XMZ340/1500	XMZ500/1500	XMZ1050/2000
过滤总面积/m²	240	340	500（510）	1050（1100）
滤室总容积/m³	3.7	5.2	7.7（7.9）	18.6（17.7）
过滤工作压力/MPa	<1	<1	<1	<1.5
单循环处理能力/t	6	8	12	21.3
电动机功率/kW	6.5	6.5	6.5	20
外形尺寸（长×宽×高） /mm×mm×mm	8435×2330×2150	10250×2330×2150	12020×2620×3487	16910×3450×5246
机重/t		60	74.5（76）	195.5（199）

9.3 快速隔膜式压滤机

该压滤机是针对浮选精煤脱水难而开发的一种新型压滤机，在传统厢式压滤机的结构基础上改进而成。其结构与传统压滤机相似，但压滤工艺不同。该快速压滤机亦适用于浮选尾矿或未浮选过的原煤泥压滤脱水。

9.3.1 快速压滤机结构设计原则

（1）改进压滤机结构，增加脱水功能。即在压滤机上能同时实现高压流体进料初次过滤脱水、滤饼二次挤压压榨脱水与压缩空气强气流风吹滤饼三次脱水。

（2）解决好因浮选精矿浓度低（一般 160～250 g/L）且含有大量泡沫，易产生气蚀现象问题，即解决泡沫矿浆的泵压困难问题，降低动力消耗。

（3）克服传统尾矿压滤机机型大、压滤速度慢所带来的弊端，如单块滤饼体积大，不易破碎，单循环时间长，间断集中装卸导致不易保证总精煤质量均匀和产生运输事故。要求压滤速度快。

（4）努力降低精煤水分，提高滤饼脱落效果。

（5）滤液浓度低，可直接进入循环水系统，克服真空过滤机因滤液浓度高，必须返回浮选，导致恶化浮选效果的缺点。

9.3.2 压滤机的主要过滤元件

压榨板部件是快速压滤机的关键过滤元件，它由滤板、压榨隔膜板、滤布、滤液管等组成，如图 9-5 所示。其主要特点是在普通压滤板的两侧增加双面橡胶隔膜，同时增加压榨风进风双通道，其工作原理如图 9-6 所示。

9.3.3 快速压滤脱水及脱水效果

精煤快速压滤机脱水工艺系统如图 9-7 所示。其脱水效果如表 9-2 所示。表 9-3 为系统阀门动作表。

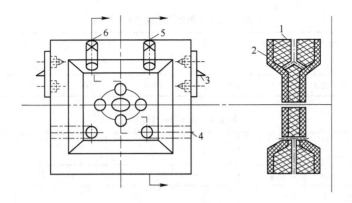

图 9-5 精煤压榨板结构示意图

1—滤板；2—压榨隔膜板；3—把手；4—滤液管；5，6—风管

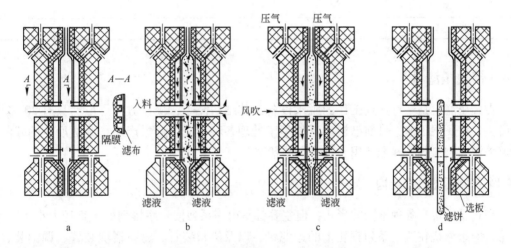

图 9-6 快速压滤脱水工作过程原理图

a—准备阶段；b—入料阶段；c—隔膜压榨及吹风穿滤阶段；d—卸饼阶段

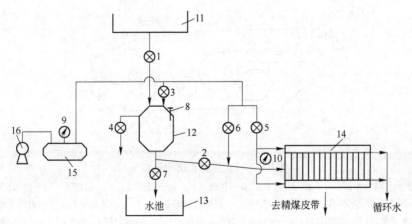

图 9-7 精煤压滤机工艺系统图

1，2，4—气动蝶阀；3，5，6—电磁截止阀；7—手动闸阀；8—料位计；9，10—压力表；
11—浮选精矿槽；12—料罐；13—水池；14—精煤压滤机；15—风包；16—压风机

表9-2 快速精煤压滤机脱水效果

物料性质	入料浓度/g·L^{-1}	-200网目含量/%	滤饼水分/%	处理能力/t·h^{-1}	滤液浓度/g·L^{-1}	吨煤电耗/kW·h
浮选精煤	160~250	51~87.18	22.2~24.5	8~10	<0.3	6.0

表9-3 系统阀门动作表

阀号 / 工序	1	2	3	4	5	6
矿浆进罐	+			+		
矿浆进料过滤		+	+			
隔膜挤压					+	
吹风脱液						+
卸料						
压紧板压紧						

9.4　带式压滤机

带式压滤机是一种连续工作的脱水设备,其结构简单,操作方便。虽然只有20多年的历史,但发展迅速,目前已被广泛地用于处理各种污泥、选煤产品、湿法冶金的残渣、管道输送的物料等,并准备用于过滤金属精矿。

9.4.1　带式压滤机的结构

带式压滤机有各种不同的形式,但主要都是由一系列按顺序排列的、直径大小不同的辊轮、两条缠绕在这一系列辊轮上的过滤带,以及给料装置、滤布清洗装置、调偏装置、张紧装置等部分组成,其基本结构见图9-8。

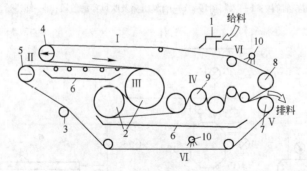

图9-8　带式压滤机结构示意图

Ⅰ—重力过滤脱水区;Ⅱ—楔形挤压区;Ⅲ—预挤压区;Ⅳ—挤压区;Ⅴ—卸饼区;Ⅵ—滤布清洗区
1—头部给料及分配装置;2—预压力辊轮;3—托辊及调偏装置;4,5—过滤带上、下张力调节辊轮;
6—滤液承受装置;7—卸饼辊轮;8—驱动辊轮及传动系统;9—压力区辊轮组(5个);10—滤布清洗装置

带式压滤机的工作区间可以分为重力过滤脱水区、楔形挤压区、预挤压区、挤压区、卸饼区及滤布清洗区。

9.4.2　工作原理

带式压滤机是通过物料在两条皮带间运行过程中，受到挤压和剪切作用，并受到重力作用使水分排出的。在脱水过程中，必须借助絮凝剂，使物料首先形成絮团，然后在压滤机挤压作用下，水分排出、絮团形成紧密的滤饼，实现固-液分离过程。

一定浓度的浮选尾煤与预先配置的絮凝剂溶液，进行均匀混合，固体颗粒进行絮凝。絮凝后的物料通过头部给料器均匀地分配在整个带宽上，即Ⅰ区。在该区中，物料可进行重力过滤脱水。经重力过滤脱水后的物料，进入两条皮带之间的楔形区，并连续进入预压力辊轮和其他压力区辊轮组。在此过程中，由于压力辊轮直径不断减小，挤压力不断增加，因此，滤饼水分不断降低。滤带在辊轮中行进路线为S形，使滤饼在滤带中有一相对位移，有利于滤饼中水分的脱除。最后滤饼经过压力辊轮组后，在Ⅴ区由于滤带弯曲和滤饼的自重进行卸饼。为了提高滤带的透水能力，再次进入工作区前，用喷水进行清洗。

带式压滤机的工作包括四个基本阶段：

（1）絮凝和给料阶段。该阶段是带式压滤机工作成败的关键。该阶段的主要任务是根据处理物料的性质，选择合适的絮凝剂种类、用量和添加方式，预先将矿浆的固体颗粒进行絮凝，然后均匀、及时地给到滤带上，准备脱水。

（2）重力脱水阶段。物料给到滤带上以后，即开始重力脱水。经絮凝后的矿浆，流动性大为降低，黏度也下降，在固体颗粒之间逐渐析出游离水。在自重作用下透过滤带，与絮团分离。

重力脱水阶段是压滤的准备阶段，经过重力脱水形成的滤饼，应经受住滤带和压辊的挤压而不流失。因此，重力脱水区应有足够的长度，使水分尽可能地排除。为达此目的，除依靠重力外，还可考虑在滤带下面设置真空箱，用真空配合重力脱水。真空度不必过高，否则将会抽走固体颗粒，并增加滤带运动阻力。

重力脱水区形成的滤饼，厚度应均匀一致，在滤带进入挤压区后，应使各处滤带的张紧程度相同，防止滤带跑偏和打褶。

因此，重力脱水阶段是带式压滤机工作过程的重要阶段，其工作效果好坏，对整个脱水效果有很大影响。

（3）挤压脱水阶段。在重力脱水区形成的滤饼，进一步到挤压区继续脱水。挤压脱水可分两种方式，低压脱水和高压脱水。

低压脱水是依靠滤带本身张紧的张力，借助压辊向滤饼施加压力，压缩滤饼而实现的。滤带每经过一个压辊，运动方向都要改变，使颗粒位置互相错动，破坏了滤饼中的毛细管，有助于脱水过程的进行。

高压脱水是除滤带本身张力之外，还借助其他外力挤压滤饼，使之脱水。

通常，在挤压脱水中起主要作用的是低压脱水。低压脱水的方法比较简单，并能够脱去滤饼中的大部分水分。所以，高压脱水可根据物料脱水的难易程度，和对滤饼水分的要求，决定设置与否。

（4）卸料和滤布清洗阶段。完成脱水后，上、下滤带分开，滤饼靠滤带弯曲、自重并可借助刮刀，从滤带上分离排出机外。卸料后的滤带应及时清洗。清洗一般采用高压水，也可设置刷子刷洗。滤带经清洗后，透气性能恢复，有利于再次进行压滤。

9.4.3 影响带式压滤机脱水效果的因素

9.4.3.1 絮凝剂的种类、用量和添加地点

在带式压滤机的工作过程中，絮凝剂的种类、用量和添加地点有很重要的意义。所用的絮凝剂应能使煤泥形成良好的絮团，尽可能地脱去自由水分，絮团应有一定的强度，在开始挤压时不致从滤带两侧流出。絮凝作用要彻底，滤液中不应带有微细颗粒。因此，带式压滤机有时要用两种絮凝剂，相互配合，保证其良好的脱水效果。絮凝剂种类、用量、添加方法等直接影响脱水效果，因此，应由试验确定。

9.4.3.2 入料矿浆浓度

入料矿浆浓度越高，带式压滤机的处理能力越大，但应保证矿浆与絮凝剂充分混合为度。过低的浓度，不仅影响处理能力，还容易造成矿浆从滤带两侧溢出，造成跑料现象。

9.4.3.3 滤带速度

随着滤带速度的增加，处理能力也增加，但滤带速度增加，相对缩短了物料的脱水时间，因而，使滤饼的水分增加。

9.4.3.4 滤带张力

滤带张力，滤饼所受挤压力越大，滤饼水分越低。但过大的张力，将使滤带所受拉力和剪切力增加，影响滤带的使用寿命。

9.4.3.5 辊轮直径和排列方式

辊轮的直径和排列方式可使滤饼受到的剪切力和挤压作用发生变化，为了得到最好的脱水效果，辊系安排应使滤饼受到的剪切力和挤压作用逐渐增加。从预挤压区到卸料口，其直径由大到小。相邻辊轮直径应由试验确定。

带式压滤机最大的优点是连续工作，因而单位面积处理能力较高、耗电量低，当絮凝剂选择和使用得当时，产品水分低，还具有结构简单、操作方便、占地面积小等优点。

因过滤带同时起过滤作用和运输作用，受到的拉力和剪切力均较强，对过滤带的强度要求较高。此外，为避免水分从两侧流出，滤带的滤孔不能过小，因此，对细粒物料絮凝不好时，容易造成滤液中固体含量较高，絮凝剂较难选择。并影响到带式压滤机的脱水效果。

带式压滤机工作压力一般在 0.4 ~ 0.7MPa 之间，其脱水效果见表9-4。

表9-4　带式压滤机的脱水效果

物料性质	入料浓度 /g·L^{-1}	-120 网目含量 /%	絮凝剂耗量 /g·t^{-1}(干煤泥)	处理能力 /t	滤饼厚度 /mm	滤饼水分 /%	滤液浓度 /g·L^{-1}
浮选尾煤	350 ~ 700	75 ~ 85	100 ~ 150	3.5 ~ 7	5 ~ 15	28 ~ 36	10 ~ 40

9.5 加压过滤机

加压过滤机是一种新型高效的细粒物料脱水设备。其特点是连续工作、处理量大、产品水分低、电耗低。

加压过滤机实际上是将类似于圆盘真空过滤机的设备装入特制的压力容器内，如图9-9所示。利用压缩空气作为过滤的推动力，在过滤介质两侧产生压差，使物料在过滤盘上形成滤饼，再用瞬时吹风或刮刀把滤饼卸下。脱水后的滤饼由压力容器内的一台刮板输送机输送到密封排料仓的上仓，上仓装满后自动打开上闸板，将滤饼放入下仓，待上仓闸板关闭后，再将下仓闸板打开将滤饼排出仓外，上下仓交替工作。滤液则通过滤液管排出机外。

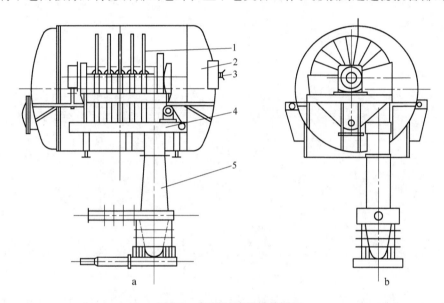

图 9-9 加压过滤机结构图

a—正视图；b—侧视图

1—过滤机；2—加压仓；3—电控系统；4—刮板输送机；5—密封排料装置

用该加压过滤机处理选煤厂的煤泥，入料浓度 150 ~ 200 g/L，小于 200 网目的含量在 60% ~ 80%，采用的压力为 0.3MPa，处理能力达 40 t/h，产品水分 19.2% ~ 20.98%，滤液中的固体物含量为 4.8 ~ 6.5 g/L。

盘式加压过滤机主要参数见表9-5。

表 9-5 盘式加压过滤机主要参数

型　　号		GPJ-60A	GPJ-72	GPJ-96	GPJ-120	GPJ-180
过滤面积/m²		60	72	96	120	180
过滤直径/m		3	3	3	3	3.6
滤盘个数/个		5	6	8	10	10
滤盘转速/r·min⁻¹		0.4 ~ 1.5				
生产能力 /t·(m²·h)⁻¹	浮选精煤	0.5 ~ 0.8				
	原生煤泥	0.3 ~ 0.6				

型　号	GPJ-60A	GPJ-72	GPJ-96	GPJ-120	GPJ-180
滤饼水分/%	16～20				
槽体最大储水量/m³	10	13.5	15	17	23.5
工作压力/MPa	0.25～0.6				
总功率/kW	36.4	37.9	44.4	50.9	56
重量/t	63.8	74	83	91.8	100.5
外形尺寸/m×m×m	8.4×4.8×8.1	9×4.8×8.1	9.96×4.8×8.6	11.1×4.8×a	

注：高度 a 根据处理能力确定。

10 ║ 热力干燥

湿法选煤的显著特点是选后产品含有较高的水分,虽经机械脱水,但选后精煤的水分仍是很高。如块精煤经脱水筛脱水、末精煤经离心脱水机脱水后,其水分为8%~10%。浮选精煤水分就更高,据部分选煤厂统计,浮选精煤经圆盘过滤机脱水后,其水分仍在26%~28%之间。

如绪论中所述,精煤水分高,对产品的质量、产品的运输和贮存都是不利的。研究表明,只有当煤的外在水分低于5%~6%时,才没有冻结的可能。若超过这个水分,在冬季运输必须采取防冻措施。选煤厂没有设置干燥工艺之前,曾采用撒锯木屑、生石灰,车厢刷油、涂蜡和添加防冻剂等防冻措施。

随着生产技术的发展,机械化采煤的比例不断提高,浮选精煤的比例越来越大。焦化厂进厂精煤中,浮选精煤占全部精煤的比例逐年增高,导致炼焦精煤的水分受浮选精煤的影响越加严重。因此,仅仅依靠湿煤防冻措施是不行的。为了保证用户对产品水分的要求,便于产品的运输和贮存,必须采用干燥脱水。

利用热能从物料中除去少量水分的操作称为干燥。在选煤厂,常用的干燥方法是以煤燃烧产生的高温烟气作为热介质,加热精煤,使精煤中水分汽化,达到降低精煤水分的目的。焦化厂所属的选煤厂常采用煤气作燃料。

热烟气干燥精煤有两种方式:一种是热煤气直接与湿精煤接触,称直接干燥;另一种是热烟气与湿精煤不直接接触,而是热烟气通过固体面(器壁)传热给湿精煤,称间接干燥。前者干燥方式较后者复杂,因为热烟气不仅使精煤受热,而且还带走湿精煤中已汽化的水蒸气,在干燥过程中,传热和传质的现象同时发生。后者,传热和传质现象可分别考虑。目前,我国选煤厂除山西西曲选煤厂外均采用直接干燥的方法。

各选煤厂干燥精煤,有末精煤单独干燥、浮选精煤单独干燥、末精煤和浮选精煤混合干燥三种。

浮选精煤粒度细、水分高、黏性大,单独干燥易结团,影响产品水分。末精煤和浮选精煤混合干燥可解决结团弊端,提高了干燥效果。所以,大部分选煤厂均采用末精煤和浮选精煤混合干燥的方式。但是,在末精煤和浮选精煤混合干燥时,人为地加入大量水分为8%~10%的末精煤,其量与浮选精煤之比为3:1~4:1,使得干燥精煤数量增加,所需干燥设备增多,增加热量消耗,干燥费用增加。由于末精煤经离心脱水机脱水后,基本可以达到水分要求,所以,各选煤厂都不对末精煤进行单独干燥。

干燥作业是选煤厂产品脱水作业中最后一道工序,其目的是进一步降低精煤的含水量,满足用户和运输的要求。但是,在干燥过程中要消耗大量的热能,因而,热力干燥成为一种昂贵的脱水方法,排除水量越多,热量的消耗就越大,干燥费用也就越高。因此,目前,只有东北、西北和华北等寒冷地区的选煤厂采用热力干燥,其中,除个别选煤厂由于精煤出口采取长年干燥外,大部分选煤厂只在冬季干燥,干燥期大约5个月。

10.1 干燥基本原理

干燥过程的本质是被除去的水分从固相转移到气相中，固相为被干燥物料，气相为干燥介质。干燥过程得以实现的条件是水分在物料表面的蒸气压必须超过干燥介质（如高温烟气）中的蒸气分压，物料表面水分才能汽化，由于表面水分的不断汽化，物料内部的水分方能继续向表面移动。干燥与蒸发的区别，主要是物料中所含水分的多少及汽化温度的高低。如果物料中含水量小，汽化温度低于沸点，此时的汽化称为干燥。水的汽化需要热量，要进行热量的传递。热的传递是由物体内部或物体之间的温度不同引起的。根据热力学第二定律，当无外功输入时，热量总是自动地从温度较高的物体转移至温度较低的物体。

传热的基本方式有三种：对流、传导和辐射。

（1）对流。对流是流体各部分质点发生相对位移而引起的热量传递过程，因而对流只能发生在流体中。在精煤干燥中，当高温烟气流体流过被干燥物料时，热能由流体传到湿物料表面，使被干燥的物料温度升高，该过程称为对流传热。

（2）传导。传导是热量从物体中温度较高的部分传递到温度较低的部分或者传递到与之接触的温度较低的另一物体的过程称为传导。精煤颗粒受高温烟气包围，热量从颗粒表面逐渐传递到颗粒内部，使整个颗粒温度升高；螺旋干燥机，高温介质通过螺旋叶片将热量传递给湿物料的过程都属于热的传导。

（3）辐射。物体因各种原因发出辐射能，其中因热而发出辐射的过程称为热辐射。常以电磁波的形式发射并向空间传播。当遇到另一物体时，一部分被反射，一部分被吸收，而另一部分则穿透物体。被吸收的部分重新又转变为热能。在火床炉燃烧过程中，当含有一定水分的新燃料直接加到炽热的火床时，除受下面炽热火床的加热外，还受到炉膛内高温火焰和炉墙的辐射热作用，温度很快升高，立即进入燃烧的热力准备阶段，这一过程称为辐射传热。

在干燥过程中，上述三种传热方式很少单独存在，通常都是相互伴随着并同时出现。

10.1.1 干燥速度

在干燥过程中，当干燥介质的蒸气分压低于煤粒表面水分的蒸气分压，由于压差的影响，水分由煤粒汽化而进入介质。所以，煤粒在干燥过程，水分的降低包括物料中水分向表面扩散和表面水分汽化两个过程。并用干燥速度表示物料中水分汽化的快慢。

干燥速度即单位时间内在单位干燥面积上被干燥精煤所能汽化的水分重量。其表达式为：

$$v = \frac{\mathrm{d}W}{F\mathrm{d}t} \tag{10-1}$$

式中　v——干燥速度，m/min；

　　　W——被干燥精煤脱除的水分重量，kg；

　　　F——被干燥精煤总的干燥表面积，m²；

　　　t——干燥时间，h。

干燥速度不仅取决于高温烟气的性质和操作条件，同时还取决物料所含水分的性质。

当物料与一定温度及湿度的干燥介质接触时,势必会放出水分或吸收水分,并达到一定的值。在干燥介质状态不变的情况下,物料中的水分总是维持该定值,此定值称为该物料在一定干燥介质状况下的平衡水分。

平衡水分代表物料在一定干燥介质状态下可以干燥的限度。只有物料中超出平衡水分的那部分,才有可能在干燥过程中被脱除。该部分水分称为自由水分。物料所含总水分是由自由水分和平衡水分所组成的。

由图 10-1 可知,如某湿物料在相对湿度为 60% 的干燥介质中进行干燥时,物料的最低含水量由点 A 表示。即平衡水分为 10.5%。在此烟气状况下,只能脱除物料中大于 10.5% 的那部分水分。

10.1.2 干燥过程

干燥速度决定干燥时间的长短,并直接决定了干燥机处理能力的大小。干燥速度越大,所需干燥时间越短,干燥机的处理能力也就越大。

随着干燥时间的增加,精煤中的平均含水量不断减少。精煤平均含水量与干燥时间的关系曲线,称为干燥曲线,根据精煤含水量随时间的变化值,可求得干燥速度。干燥速度和干燥时间的关系曲线,称干燥速度曲线,如图 10-2 所示。

在干燥过程中,若将含水率超过平衡水分的湿物料与未饱和的热烟气接触,则水分逐渐地汽化并通过表面上的气膜扩散至烟气中,烟气则不断将热量传给物料以供给水分汽化所需的潜热,并渐渐地把汽化的水分带走。表面上的水分汽化后,内部水分即向表面移动,使物料中水分慢慢地减少。因此,干燥速度不仅与干燥介质有关,也与物料本身因失水而引起的变化有关。下面讨论在干燥介质的湿度、温度、速度以及与物料接触的状况均不变的情况,恒定干燥条件下的干燥过程。

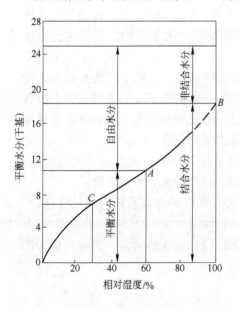

图 10-1　水分的种类

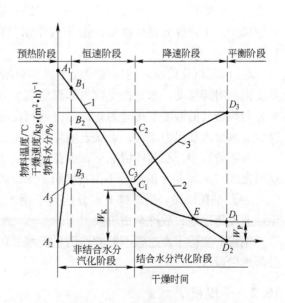

图 10-2　物料含水量、干燥速度、物料温度与
时间变化关系曲线

1—物料含水量曲线;2—干燥速度曲线;3—物料温度曲线

在恒定干燥条件下，依据干燥速度的变化，干燥过程可分为预热阶段、恒速阶段、降速阶段和平衡阶段（见图10-2）。

（1）预热阶段。设完全湿透而且水分分布均匀的湿精煤，原来的温度为 A_3。当与烟气接触时，热烟气首先将热量传给湿精煤，使精煤和所带水的温度升高。精煤温度由 A_3 升到 B_3，由于受热，水分开始汽化，干燥速度由零（A_2）增加到最大值 B_2。精煤的水分则因汽化而减少，由 A_1 降到 B_1。此阶段仅占全过程的5%左右，其特点是干燥速度由零升到最大值，其热量消耗在精煤加温和少量水分汽化上。因此，水分降低很少。

（2）恒速阶段。干燥速度达最大值后，由于煤粒表面水分蒸气分压大于该温度下热烟气的蒸气压，水分从煤粒表面汽化并进入热烟气。煤粒内部的水分不断向表面扩散，使其保持润湿状态。只要煤粒表面均有水分时，汽化速度可保持不变，故称恒速阶段。该阶段的特点是干燥速度达到最大值并保持不变，B_2C_2 平行于横坐标；精煤的含水量迅速下降；如果热烟气传给煤粒的热量等于煤粒表面水分汽化所需的热量，则煤粒表面温度保持不变，B_3C_3 也平行于横坐标。该阶段时间长，占整个干燥过程的80%左右，是主要的干燥脱水阶段。预热阶段和恒速阶段脱除的是非结合水分，即自由水分和部分毛细管水分。恒速阶段结束时的精煤含水量 C_1 称为第一临界含水量，常简称为临界含水量，以 W_K 表示。

（3）降速阶段。达到临界含水量以后，随着干燥时间的增长，水分由煤粒内部向表面扩散的速度降低，并低于表面水分汽化的速度，干燥速度也随之下降，称为降速阶段。在降速阶段中，根据水分汽化方式的不同又分为两个阶段，即部分表面汽化阶段和内部汽化阶段。

1）部分表面汽化阶段。进入降速阶段以后，由于内部水分向表面的扩散速度小于表面水分汽化的速度，使煤粒表面出现干燥部分，特别是煤的突出部位，随着汽化水量减少，干燥速度逐渐下降，虽然煤粒表面出现干燥部分，但水分仍从煤粒表面汽化，故称部分表面汽化阶段。这一阶段的特点是，干燥速度均匀下降，由 C_2 降到 E，且潮湿的表面逐渐减少，干燥部分越来越多，由于汽化水量降低，需要的汽化热减少，使煤粒的温度升高。

2）内部汽化阶段。随煤粒表面干燥部分增加，温度越来越高，热量向内部传递，使蒸发面向内部移动，水分在煤粒内部汽化成水蒸气后再向表面扩散流动，直到煤粒中所含水分与热烟气的湿度平衡时为止，称内部汽化阶段。这一阶段的特点是，煤粒含水量越来越少，水分流动阻力增加，干燥速度降低甚速，煤粒温度继续升高。

降速阶段中，在某些情况下，由部分湿润表面过渡到全部干燥表面是逐步而缓慢的，这时曲线 C_2ED_2 是平滑的，不出现转折点 E。降速阶段也称结合水分汽化阶段。

（4）平衡阶段。当煤粒中水分达到平衡水分 W_P 时，煤粒中水分不再向热烟气汽化，干燥速度等于零，故称平衡阶段。

精煤的实际干燥过程不可能达到平衡水分状态，所以只包括预热阶段、恒速阶段和部分降速阶段。

10.2 干燥机

干燥机是干燥脱水作业中的主要设备，物料的干燥脱水就是在干燥机中进行。干燥机的类型很多，需干燥物料的种类、处理量和干燥产品的水分与干燥机类型有着极大的关系，干燥机可根据不同物料及操作条件进行分类；如按干燥介质的种类进行分类的有空气、热烟气和红外线等；按操作方法分类的有间歇的和连续的；按气体与物料运动方向不同分类的有顺流式、逆流式和复流式；按气体与物料间传热情况分类的有直接传热、间接传热，也可以根据干燥机形状及物料运行情况分为膛式、管式、滚筒式、井筒式、沸腾床层式、螺旋式和振动式等。

10.2.1 滚筒干燥机

滚筒干燥机是应用颇多的一种干燥机。滚筒干燥机适于处理粒度细而不过分黏结的物料，既可混合干燥末精煤和浮选精煤，也可单独干燥浮选精煤，多用于干燥水分较高、0~13mm级中细粒较多的湿精煤。滚筒干燥机具有生产率高、操作方便、运行可靠、电耗低等优点。缺点是汽化强度小、钢材消耗大、干燥时间长、占地面积大。滚筒干燥机的生产能力通常以体积汽化强度来表示，所谓体积汽化强度是指按转筒体积计算的汽化水分的能力，通常采用的单位为 $kg/(m^3 \cdot h)$。选煤厂使用的滚筒干燥机均采用热烟气作为干燥介质，根据干燥介质与湿精煤传热方式的不同，滚筒干燥机又分为以下三种：

（1）直接传热式滚筒干燥机——干燥介质与湿精煤直接接触传递热量。

（2）间接传热式滚筒干燥机——干燥介质经过筒壁将热量传递给湿精煤。

（3）复式传热滚筒干燥机——部分热量由干燥介质直接传递给湿精煤，另一部分热量经过筒壁间接传递给湿精煤。

根据干燥介质与物料运动方向的不同，滚筒干燥机又分为顺流式（干燥介质与湿精煤运动方向相同）和逆流式（干燥介质和湿精煤运动方向相反）两种。各选煤厂均采用直接传热顺流式滚筒干燥机。

10.2.1.1 滚筒干燥机的构造

滚筒干燥机由滚筒、挡轮、托轮、传动装置和密封装置组成，滚筒干燥机的结构如图10-3 所示。

托轮是滚筒的支承装置，前端两个，后端两个，支承着轮箍。托轮的作用是：（1）支承滚筒，整个滚筒和滚筒内物料的重量全部压在 4 个托轮上，并在托轮上转动。（2）调整滚筒倾角，滚筒每端两个托轮在横向上可以移动，通过改变两端托轮间距离，调整滚筒倾角。（3）防止滚筒轴向移动，在托轮安装时，有意使两托轮轴线不平行，当滚筒在托轮上转动时产生轴向推力，防止滚筒向下移动。

滚筒是倾斜安装的，一般为 1°~5°，为了防止滚筒沿轴向下移动，在轮箍侧面装有挡轮。

滚筒是在传动装置带动下转动，转速一般为 2~6r/min。传动装置包括电动机、减速机、小齿轮和大齿轮圈。

由于滚筒干燥机是在负压下工作的，为了防止漏风，在滚筒两端与给料箱和排料箱连接部位，都装有密封装置。密封装置的形式很多，常见的有摩擦式、迷宫式及罩式三种。

滚筒是滚筒干燥机的主体，长度与直径之比一般为 4~8，通常用 8~14mm 厚的钢板制造，外面装有两个轮箍。滚筒内部装有输送松散物料的装置。以 NXG 型 $\phi 2.4m \times 14m$ 滚筒干燥机为例，其内部沿轴向分为 6 个区间，各区间输送和松散物料的装置不同。一区

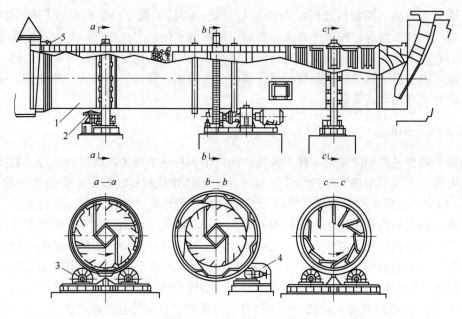

图 10-3 滚筒干燥机
1—滚筒；2—挡轮；3—托轮；4—传动装置；5—密封装置

间为大倾角导料板，二区间为倾斜导料板，三区间为活动算条式翼板，四区间为带有清扫
装置的圆弧形扬料板，五区间为带有清扫装置的圆弧形算条式扬料板，六区间为无扬料板
区，如图 10-4 所示。

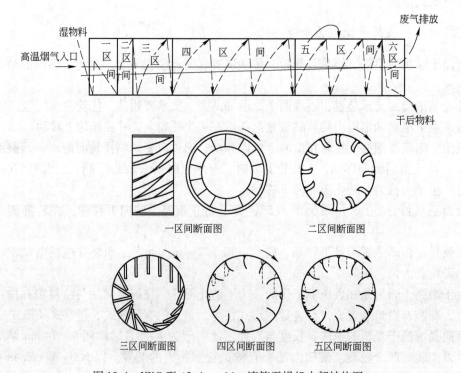

图 10-4 NXG 型 $\phi2.4\text{m} \times 14\text{m}$ 滚筒干燥机内部结构图

当干燥物进入干燥机一区时，随滚筒的转动，并借助大倾角导料板将物料迅速导至倾斜导料板上，被提起并逐渐洒落形成"料幕"，高温烟气从中穿过使物料预热并蒸发部分水分。反复数次后，移动到活动算条式翼板上，物料又与经预热过的算条式翼板夹杂在一起。吸收其热量，同时翼板夹带物料一同升起、洒落，并与热烟气形成传导及对流质热传递。当物料移动到带有清扫装置的圆弧形扬料板上时，链条将在上部空间接受的热量传给物料，物料随滚筒的转动被扬料板提起、洒落与热烟气进行较充分的质热传递，并将扬料板内外壁黏附的物料清扫下来。同时，清扫装置对物料团球起破碎作用，大大增加了热交换面积，提高了干燥速率。当物料移动到带有清扫装置的圆弧形算条式扬料板时，物料在干燥机内仍按四区间的运动规律进行质热传递，但此区间物料呈现两种状态：一种是干后呈粉状物料，随滚筒的转动并从条的间隙漏下；一种是湿的球团，留在扬料板圆环内，随滚筒的转动逐渐被破碎，使其中水分蒸发，最终被干燥。当物料移动到六区间，已变成低水分松散状态，为减少扬尘，减轻除尘系统的负荷，在距离末端约 1m 的范围不设扬料板。干燥后物料滚动滑行到排料箱，完成整个干燥过程。

10.2.1.2 工作原理

直接传热顺流式滚筒干燥机的工作原理是：物料和由燃烧炉送来的 700~800℃ 的高温烟气，同方向进入干燥机。物料由扬料板提起并洒落，两者直接接触，均匀混合，将热量传递给湿物料，使湿物料所带水分汽化，并随废气排走。水分汽化后的物料，由干燥机下端经排料箱排出，实现了精煤脱水的目的。

直接传热顺流式滚筒干燥机适用于潮湿物料能经受强烈干燥，或被干燥物料对高温敏感，干燥后物料吸湿性小等情况。由于给入的湿物料与温度高而含湿量最低的干燥介质在进口端相接触，故干燥初期干燥推动力较大，以后随物料的湿度降低，干燥介质的温度也降低，故适宜于最终含水量（即干燥程度）要求不高的物料。排出的干物料温度较低，便于运输。

在直接传热逆流式滚筒干燥机中，物料与干燥介质运动方向相反，干燥推动力在整个干燥过程中较均匀，适宜于对物料干燥要求较高，而物料对高温不敏感者。

从产生粉尘的角度看，顺流式干燥介质与干燥后物料一起离开滚筒，因而细粒物料易被气流带走；而逆流式干燥介质排出时与湿物料相接触，干燥介质被滤清，气流中含尘量较少。

10.2.2 沸腾床层干燥机

沸腾床层干燥机是一种新型的干燥设备，美国的 ENI 沸腾床层干燥机、麦克纳利沸腾床层干燥机、日本的住友沸腾床层干燥机和苏联的工业试验沸腾床层干燥机在精煤干燥上都发挥了重要作用。沸腾床层干燥机适用于末精煤和浮选精煤混合干燥，该机的特点是：热效率高、小时汽化水量大、单台处理能力大、设备布置紧凑、占地面积小、操作人员少。缺点是：以精煤和油做燃料，浪费资源，不能单独干燥浮选精煤，干燥机结构复杂。

10.2.2.1 沸腾床层干燥机的构造

沸腾床层干燥机的燃烧室和干燥室为一体结构，麦克纳利沸腾床层干燥机的构造如图
10-5 所示。

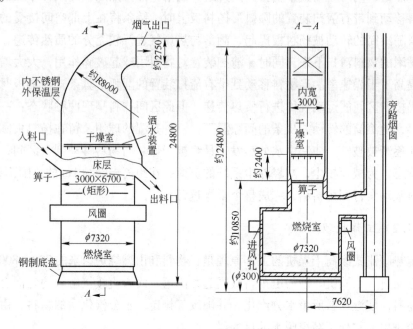

图 10-5 麦克纳利沸腾床层干燥机结构示意图

燃烧室为一圆筒形结构，其外围用 9mm 不锈钢板围焊而成，内衬耐火砖砌成的耐火
墙，钢板和耐火墙之间填有耐火泥。燃烧室底部铺有耐火砖和隔热耐火衬，底座为钢制底
盘。燃烧室下部侧面有清理孔，中部有连接鼓风机的风圈，其上分布有进风孔，使风均匀
地进入燃烧室以促进燃烧充分和调节炉膛温度。

干燥室是沸腾床层干燥机的主要组成部分，干燥室的床层为一矩形平面，与燃烧室的
分界处为算子，算条直径 22mm，缝隙在 2～2.5mm 之间，开孔率为 7%，算条入料端比出
料端略高，其斜度为 24：1（≈2°30′）干燥室上部设有洒水装置，其作用是降温灭火。在
干燥过程中，如果参数失调，床层温度突然升高，甚至引起火灾，或燃烧室温度超过
530℃以上时，自控装置即运动，停车、洒水、降温、灭火。

在干燥机的一侧设置了旁路烟囱，其顶部装有盖板，用气缸控制开闭。

旁路烟囱的作用是：（1）干燥过程床层着火或燃烧室温度超过530℃时，烟囱顶部
盖板通过自控打开，放空烟气降温冷却；（2）正常停车时，烟囱盖板也打开，使烟气短
路散热冷却；（3）开车前，也要打开烟囱盖板，并开动引风机造成负压，净化干燥系统；
（4）正常开车时，烟囱盖板是关闭的，保持干燥系统完成密封。

燃烧室还需配备燃烧装置，有煤粉燃烧装置和瓦斯燃烧装置两种。以煤做燃料的燃烧
装置如图10-6所示。该装置包括星形给煤机、粉碎机、分配器、喷射器、点火器和供油
站等。

里列型粉碎机由粗碎、细碎和鼓风机三部分组成，粗碎可使95%的燃料粉碎到小于8

网目，细碎可使98%的燃料粉碎到小于50网目，粉碎后的煤粉与80℃的预热空气按重量比为1∶1混合，由鼓风机送出。

煤粉分配器设在粉碎机出口处，作用是均匀地向两条管路分配煤粉。粉煤喷射器向燃烧室喷射粉煤，有4个紫外线火焰探射器（其中两个备用），喷射器的风量可自动调节，也可用手动调整火焰长短。点火器是在粉煤燃烧前将供油站送来的燃料油喷成雾状，并用电打火器将火点燃，用以预热燃烧室和点燃粉煤。

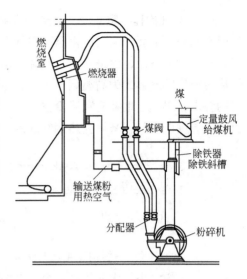

图 10-6　燃烧装置示意图

10.2.2.2　工作原理

沸腾床层干燥机工作原理：干燥后精煤的一小部分经粉碎机粉碎到小于50网目，与预热到80℃的空气按重量比为1∶1混合，被喷射器喷入燃烧室充分燃烧，产生的高温烟气以150m/s的速度通过箅子进入干燥室。湿精煤经给料机由入料口进入干燥室后，沿箅子坡度被高温高速烟气吹起呈沸腾状态（跳跃、流动），固体颗粒被高温烟气所包围，进行质热交换，由于干燥介质的蒸汽压力低于煤精表面水分的蒸汽压力，湿精煤中水分不断汽化，转移到周围介质中，并被废气带走，从而降低了精煤的水分。经干燥后的精煤由排料口排出，废气、汽化的水蒸气和部分小于1.2mm的精煤从干燥机上部废气出口进入除尘器。

10.3　干燥工艺流程

选煤厂热力干燥精煤的典型流程如图10-7所示，它包括空气流程、烟气流程、精煤流程和燃料流程。

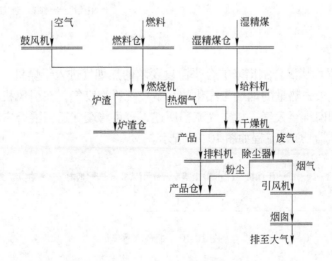

图 10-7　干燥工艺流程图

（1）空气流程。室温冷空气经一次鼓风机从炉排下方给入燃烧室，用以冷却炉排，提供燃料燃烧所需要的氧气。室温冷空气经二次鼓风机从火床上方进入燃烧室，提供部分氧气，扰乱炉内气流，促进其充分燃烧。由于燃料燃烧放出热量，使空气中剩余气体和燃料燃烧时产生的气体成为高温烟气去混合室。在混合室中，如果高温烟气的温度超过干燥精煤的要求，可适当地补充室温冷空气，或为了更好地利用废气中的热量，也可以补充引风机较高温度的废气，来调整热烟气的温度。空气流程如图 10-8 所示。

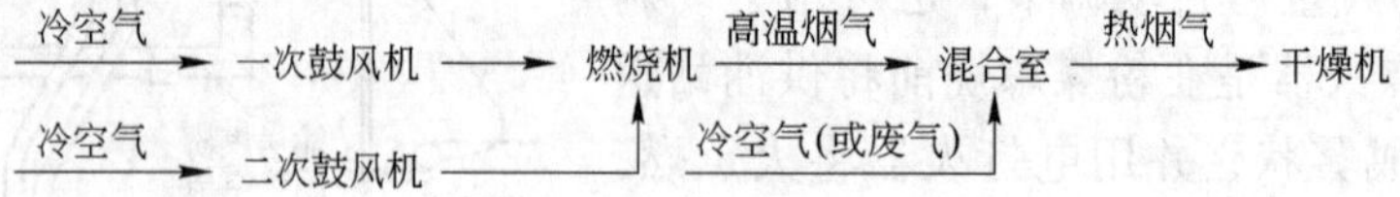

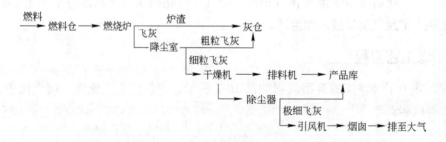

图 10-8　空气流程

（2）燃料流程。选煤厂热力干燥大部分以煤作燃料，也可采用原煤和中煤。如果使用本厂的洗中煤，由于水分较高，为了缩短燃料燃烧时热力准备阶段的时间，减少热力准备阶段的热量消耗，中煤应先进行脱水。因此，燃料仓常由两个脱水仓组成，一个提供燃料，另一个脱水。燃料经燃料仓闸门、溜槽、抛煤机进入燃烧炉。生成的炉渣经炉排进入灰室，由输送机送到灰仓；飞灰随高温烟气去降尘室，在惯性力和重力作用下，粗粒沉积下来，通过输送机进入灰仓；细粒随热烟气进入干燥机，在干燥机中和湿精煤混合、接触，部分飞灰混入精煤中，另一部分随废气去除尘器。较粗的飞灰由除尘器收集并送到精煤产品库；极细部分经引风机、烟囱排至大气。燃料流程如图 10-9 所示。

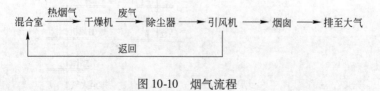

图 10-9　燃料流程

（3）烟气流程。从混合室出来的合乎温度要求的热烟气进入干燥机，将热量传给湿精煤，使水分汽化，失去热量的烟气与汽化的水蒸气统称为废气，在引风机抽力作用下经除尘器、引风机、烟囱排至大气。如空气流程所述，也可将废气返回混合室调整高温烟气的温度，称为"返风"。烟气流程如图 10-10 所示。

混合室 —热烟气→ 干燥机 —废气→ 除尘器 ——→ 引风机 ——→ 烟囱 ——→ 排至大气

返回

图 10-10　烟气流程

（4）精煤流程。湿精煤（混合干燥时由小于 13mm 的末精煤和浮选精煤组成；单独干燥时由小于0.5mm的浮选精煤组成），由给料机均匀地给入干燥机。在干燥机中，湿精煤和热烟气接触得到热量，将水分汽化成合格产品，经排料机去产品库；部分细粒精煤失去水分，重量变轻，随废气进入除尘器。在除尘器中，收集较粗粒精煤，进入精煤产品库；极细粒精煤排至大气。精煤流程如图10-11所示。

图10-11 精煤流程

下面分述滚筒干燥机和沸腾床层干燥机的热力干燥工艺流程。

10.3.1 滚筒干燥机干燥工艺流程

目前仍有部分选煤厂采用滚筒干燥机。以下为某选煤厂的干燥工艺流程。滚筒干燥机干燥系统布置如图10-12所示。

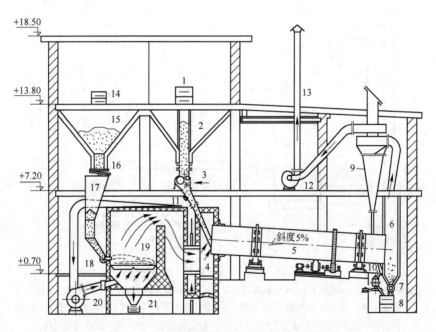

图10-12 滚筒干燥机干燥系统设备布置图

1，8，14，21—锚链输送机；2—湿精煤仓；3—给料机；4—给料箱；5—滚筒干燥机；
6—排料箱；7—排料机；9—除尘器；10—锁气管；11—溜槽；12—引风机；13—烟囱；
15—燃料仓；16—脱水闸门；17—缓冲煤仓；18—抛煤机；19—燃烧炉；20—鼓风机

该厂采用 $\phi2000 \times 13500$ 型直接传热式滚筒干燥机。10～12℃室温空气经鼓风机20由炉排下进入燃烧室，以保证燃料充分燃烧。

滴道选煤厂采用粒度0～13mm，灰分为40%，低位发热量为19832kJ/kg，高位发热量22546kJ/kg的洗中煤作燃料煤由锚链输送机14进入燃料仓15，经脱水仓自然脱水，其水分可达5%～6%。然后进入燃烧炉19。

在翻转式炉排炉中，燃料充分燃烧，进入灰室的炉渣，经洒水降温，被送入灰仓，装自翻车运出厂外。燃烧室内温度1200℃、压力－19.6Pa。高温烟气经降尘室、给料箱4、进入滚筒干燥机。其入口温度为800℃。

该厂采用混合干燥，湿精煤由末精煤和浮选精煤组成，水分分别为8.75%和28.35%，其中浮选精煤约占25%～30%，总水分18.69%，总灰分12.43%。去精煤仓由除尘器回收的较粗粒粉尘灰分为12.49%，水分7.4%，回收量为11.2kg/h。脱尘后气体由烟囱13排至大气。引风机入口处的废气温度为120℃。

干燥后合格产品由干燥机排出的干燥物料与除尘器回收的粉尘（所占比例很小）组成。干燥后精煤水分9.25%、灰分12.45%、温度35～40℃。由于高温烟气携带飞灰的污染和在干燥过程中因干燥温度过高或湿精煤给料过少而引起干燥的影响，使干燥后精煤灰分稍有提高。

10.3.2 沸腾床层干燥机干燥工艺流程

沸腾床层干燥机干燥工艺流程，如图10-13所示。

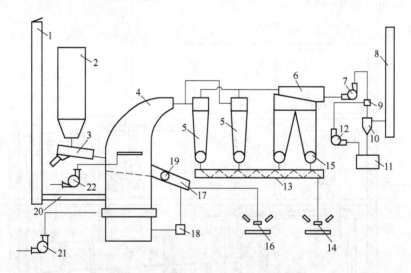

图10-13　沸腾床层干燥机干燥系统图

1—旁路烟囱；2—湿精煤仓；3—电磁振动给煤机；4—沸腾床层干燥机；5—单筒旋风除尘器；
6—多管旋风除尘器；7—引风机；8—烟囱；9—湿式除尘器；10—气水分离器；11—污水池；
12，22—水泵；13—螺旋输送机；14，16—胶带输送机；15，19—旋转阀锁气器；
17—溜槽；18—燃烧装置；20—烟道；21—鼓风机

沸腾床层干燥机使用的燃料是精煤，由于干燥后精煤中分出一小部分经螺旋输送机送到燃料仓（图中未画出），再经粉碎机，破碎到小于50网目，与80℃的预热空气按重量1：1混合，由粉煤喷射器喷入沸腾床层干燥机的燃烧室。燃烧后的高温烟气以150m/s的速度通过箅子进入干燥室。

沸腾床层干燥机采用末精煤和浮选精煤混合干燥，在干燥室中，湿精煤被高温速烟气吹起呈沸腾状态，并被高温烟气所包围，进行其中水分的汽化。在干燥室中箅子的上方装有洒水装置,当床层温度过高时,自动控制系统开启水泵,将高压水送入洒水装置洒水降温,防止发生事故。

该工艺系统的特点是废气和部分粒度小于 1.2mm 的精粉经二段除尘,并经气水分离后排至大气。除尘分别采用单筒旋风除尘器、多管旋风除尘器和湿式除尘器。湿式除尘器排出的污水经澄清后复用。

当干燥机发生事故或燃烧室温度超过 530℃时,旁路烟囱顶部的盖板和烟道 20 的闸门可自动打开,高温烟气由此排至大气。

10.3.3 干燥过程的防尘和防爆

选煤厂热力干燥过程均在高温下进行,干燥后精煤中的细粒由于接触面积较大,在风力运输过程中极易产生煤尘飞扬,甚至发生煤尘爆炸,尤其是干燥物料多数为炼焦用煤,煤尘爆炸指数大部分在 25% 以上。在选煤厂 20 多年的精煤干燥实践中,曾有部分选煤厂发生过程度不同的精煤燃烧事件,个别选煤厂曾发生较为严重的煤尘爆炸事故。

10.3.3.1 产生煤尘飞扬的原因

被干燥的细粒物料由于重量轻,当有空气对流时,很容易悬浮在空气中,形成煤尘。粒度越细、水分越低,在运输中越容易产生煤尘飞扬,尤其在运输转载过程中,更容易造成煤尘飞扬的条件。当装仓落差很大时,在煤仓内也易形成煤尘的悬浮。如果系统有漏风的地方,或车间内空气对流比较严重,更为煤尘飞扬创造了条件。

10.3.3.2 产生煤尘爆炸的原因

据有关资料表明,影响煤尘爆炸的因素除与可燃体挥发分、灰分、水分和粒度等有关外,产生煤尘爆炸的直接原因有三条,同时具备时,即可爆炸。

(1)煤尘浓度在 $45 \sim 2000 \text{g/m}^3$ 之间。

(2)含氧量在 16% 以上。

(3)有热源或明火。

通常,干燥后系统内的煤尘含量都大于规定标准。如果系统漏风,尤其是锁气器封闭失灵,除尘器检查孔不严,将有大量空气进入系统,使除尘器含氧量增加。此时应严格操作管理,防止明火。下述原因均可导致明火:(1)当高温烟气温度过高,湿精煤给料突然减少时,易使精煤过干燥而燃烧;(2)已停止对干燥机给料后,高温烟气仍进入干燥机,有可能使燃烧不完全的炭火吸入除尘器,当除尘器及管路中有积煤时,容易使之着火。因此,应及时清理积存煤尘,并制定切实可行的防尘、防爆安全措施,改善工人的劳动环境,保障人员和设备的安全,确保干燥生产的顺利进行。

参 考 文 献

[1] 蔡璋. 选煤厂固-液、固-气分离技术 [M]. 北京：煤炭工业出版社，1992.

[2] 罗茜. 固液分离 [M]. 北京：冶金工业出版社，1997.

[3] 谢广元. 选矿学 [M]. 徐州：中国矿业大学出版社，2001.

[4] 斯瓦罗夫斯基. L. 固液分离（Ⅱ）版 [M]. 北京：化学工业出版社，1990.

[5] 黄枢. 固液分离技术 [M]. 长沙：中南工业大学出版社，1993.

[6] 郝风印. 选煤手册 [M]. 北京：煤炭工业出版社，1993.

[7] 煤泥水处理编译组. 煤泥水处理 [M]. 北京：煤炭工业出版社，1979.

[8] 刘炯天，等. 絮凝剂在煤泥水处理中的作用和合理使用 [J]. 选煤技术，1993 年增刊.

[9] 孙启才. 分离机械 [M]. 北京：化学工业出版社，1993.

[10] 许时，等. 矿石可选性研究 [M]. 北京：冶金工业出版社，1981.

[11] 孙体昌. 固液分离 [M]. 长沙：中南大学出版社，2011.

[12] 蒋红美. 加压过滤机对几种煤泥水及浮选精煤的适应性探讨 [J]. 煤炭加工与综合利用，2008，(2)：24~26.

[13] 杨守志，等. 固液分离 [M]. 北京：冶金工业出版社，2003.

[14] 尹芳华，钟璟. 现代分离技术 [M]. 北京：化学工业出版社，2009.

[15] 张明旭. 选煤厂煤泥水处理 [M]. 徐州：中国矿业大学出版社，2005.

[16] 李亚萍，李跃金. 粒度组成对煤泥水沉降影响的研究 [J]. 广东化工，2011，(6)：312~314.

[17] 康勇，罗茜. 液体过滤与过滤介质 [M]. 北京：化学工业出版社，2008.

[18] 戴少康. 选煤工艺设计实用技术手册 [M]. 北京：煤炭工业出版社，2010.

[19] 谢国龙，俞和胜，等. 粗煤泥分选设备及其应用分析 [J]. 煤矿机械，2008，29（3）：117~119.

冶金工业出版社部分图书推荐

书 名	作 者	定价(元)
矿用药剂	张泾生	249.00
现代选矿技术手册（第 2 册）浮选与化学选矿	张泾生	96.00
现代选矿技术手册（第 7 册）选矿厂设计	黄 丹	65.00
矿物加工技术（第 7 版）	B. A. 威尔斯 著 T. J. 纳皮尔·马恩 印万忠 等译	65.00
探矿选矿中各元素分析测定	龙学祥	28.00
新编矿业工程概论	唐敏康	59.00
化学选矿技术	沈 旭 彭芬兰	29.00
钼矿选矿（第 2 版）	马 晶 张乂钲 李枢本	28.00
铁矿选矿新技术与新设备	印万忠 丁亚卓	36.00
矿物加工实验方法	于福家 印万忠 刘 杰 赵礼兵	33.00
碎矿与磨矿技术问答 （选矿技术培训教材）	肖庆飞	29.00
矿产经济学	刘保顺 李克庆 袁怀雨	25.00
选矿厂辅助设备与设施	周晓四 陈 斌	28.00
全国选矿学术会议论文集 ——复杂难处理矿石选矿技术	孙传尧 敖 宁 刘耀青	90.00
尾矿的综合利用与尾矿库的管理	印万忠 李丽匣	28.00
生物技术在矿物加工中的应用	魏德洲 朱一民 李晓安	22.00
煤化学产品工艺学（第 2 版）	肖瑞华	45.00
煤化学	邓基芹 于晓荣 武永爱	25.00
泡沫浮选	龚明光	30.00
选矿试验研究与产业化	朱俊士	138.00
重力选矿技术	周晓四	40.00
选矿原理与工艺	于春梅 闻红军	28.00